これだけ知っていれば大丈夫

自動車営業のための会計・税務 基礎知識

監修者 　不動産鑑定士・税理士　博士（経済学）・博士（経営学）
　　　　高橋隆明

著　者 　公認会計士・税理士　　税理士　　　　　　公認会計士・税理士
　　　　高橋基貴　　小川克則　　服部夕紀

監修者まえがき

　私が初めて著作を発表したのは平成13年7月のことです。タイトルは『経営再建計画書の作り方』でした。当時は事業再生ビジネスが緒についたばかりであり、類書もありませんでした。その後も事業再生に関するさまざまな書籍を発表し、改訂版を含めるとすでに20冊を超えました。

　専門分野である事業再生に関わるビジネス書が大半ですが、博士論文に加筆する形で学術書も発表しています。一貫した姿勢として、「理論と実務の融合」を目指してきました。このことは著作のなかでも明言しているところです。

　今回、機会を得て新刊を発表することになりました。いつもの通り「理論と実務の融合」を念頭に置き、会計と税務の知識をビジネスにおいて活用できるような内容を目指しました。

　理論を重視すると学術書になってしまいますので、ビジネスパーソンには荷が重くなってしまいます。反対に、実務を重視すると、理論の裏付けがない薄っぺらな内容になってしまいます。巷には両極端の書籍が溢れているように感じます。

　そこで今回の新刊では、会計と税務の基本的な知識を整理した後、特定の業種に絞る形でビジネスにおいて知識を活用できるように工夫しました。特定の業種としては自動車営業、不動産営業、保険営業の3つです。これら業種の営業マンが、会計と税務の

知識を活用して顧客にアプローチする方法を整理しました。

　営業マンが自社の商品の良さを強調することは当然ですが、単に「当社の商品は良いです」「ぜひ、購入をお願いします」では、顧客のニーズを満たしているとはいえません。会計と税務の知識を活用し、税効果を強調する形で顧客にアプローチすることで信頼を獲得でき、ひいては他社の営業マンとの競争に勝ち抜くことができるのではないでしょうか。

　今回の新刊を発表するにあたっては、3人の会計の専門家が執筆を分担しています。3人とも十分な専門知識と実務経験を有する新進気鋭の実務家です。

　第1章「会計とは」、第2章「損益計算書」、第7章「経営者のための経営分析」、第8章「保険営業のための活用法」は公認会計士・税理士の高橋基貴氏が執筆しました。

　第3章「貸借対照表」、第6章「税務」、第8章「不動産営業のための活用法」は税理士の小川克則氏が執筆しました。

　第4章「キャッシュフロー計算書」、第5章「管理会計」、第8章「自動車営業のための活用法」は公認会計士・税理士の服部夕紀氏が執筆しました。

　全員が本の出版は初体験ということもあり、各章ごとに文体が

不統一な面も否めませんが、全員で「会計知識活用技術研究会」を立ち上げ、1年以上にわたり編集会議を繰り返しながら原稿をつくり上げてきました。私も監修という形で関与することで、「理論と実務の融合」を念頭に置きつつ全体をまとめたつもりです。

　自動車営業、不動産営業、保険営業に携わるビジネスパーソンの皆様は、ぜひとも本書を活用し、他社に差をつけていただきたいと思います。本のタイトル通り、「これだけ知っていれば大丈夫」です。「できるビジネスパーソンが知っておくべき会計と税務の知識」を武器にして成績を伸ばしてはいかがでしょうか。
　第一線で活躍するビジネスパーソンの皆様からの朗報をお待ちしています。

　平成30年新春

不動産鑑定士・税理士
博士（経済学）・博士（経営学）
高橋　隆明

著者まえがき

　会計と税務の仕事をしていくなかで、これらの知識が実務に結び付くと、大きな効果が生まれることを度々実感しています。たとえば、ダイエットする際には、ただやみくもに食事制限をするよりも、健康診断の数値を手掛かりに効果的な方法を選択していく方が、リバウンドが少なく確実に痩せられるように、会社の経営も、決算書の経年比較や同業他社比較、財務諸表分析などを活用した方が、より幅広い視点から適切な意思決定や戦略実行ができるようになります。

　ただ会計と税務は取っ付きにくく、内容が分かるまで理解するのが大変であることも事実です。会計や税務を専門分野としていないビジネスパーソンが、会計や税務の知識を「良いとこ取り」して営業活動に活かせるようにするにはどうしたら良いか、それを念頭に置きながら執筆しました。

　会計では自社の1期間の決算書だけを眺めていても、何も見えてきません。期間比較や同業他社比較など、何かと「比較」することによって様々な気づきを得られます。何かと「比較」できるようになるために必要な最低限の知識を、できるだけわかりやすく書くことを心掛けました。

　特に「キャッシュフロー計算書」や「管理会計」は、通常の決算書に比べてより一層、一般のビジネスパーソンには特に馴染み

の薄い存在であると思います。けれどもこれらはたとえば自動車の提案営業をする上で有益な情報の宝庫ともいえます。この著作をきっかけに、会計や税務の世界に関心を持っていただけたら、著者としてとても嬉しく思います。

　　　　　　　　　　　　著者を代表して
　　　　　　　　　　　　公認会計士・税理士　服部 夕紀

目次

監修者まえがき
不動産鑑定士・税理士　博士（経済学）・博士（経営学）　髙橋隆明

著者まえがき
公認会計士・税理士　服部 夕紀

第1章　会計とは
公認会計士・税理士　髙橋基貴

この章のポイント	2
1　会計がわかるということは	3
2　会計の基本は「収益」「費用」「利益」	5
3　簿記は会計の基本	10
4　会計のルールは「企業会計原則」	15
5　決算書は会社の成績表	21

第2章　損益計算書
公認会計士・税理士　髙橋基貴

この章のポイント	28
1　決算の基礎は損益計算書	29
2　収益・費用を把握するための原則	34
3　売上と売上原価がわかれば、会社の本業の状況がわかる	41
4　内容が盛りだくさんの販売費及び一般管理費	47
5　営業外収益と営業外費用から、会社の資金需給状況がわかる	51
6　特別利益・特別損失には、会社の大きな動きが表現される	55
7　当期純利益	59

第3章 貸借対照表

税理士 小川克則

この章のポイント	66
1 貸借対照表とは	67
2 取得原価主義と時価主義	70
3 資金の運用結果である資産	73
4 減価償却資産	77
5 繰延資産	82
6 のれん(営業権)	84
7 他人からの資金調達である負債	86
8 引当金	89
9 自己資金と利益の蓄積である純資産	92

第4章 キャッシュフロー計算書

公認会計士・税理士 服部夕紀

この章のポイント	98
1 キャッシュフロー計算書の概要	100
2 直接法と間接法	104
3 キャッシュフロー計算書の仕組み	106
4 キャッシュフロー計算書の活動区分	112
5 資金繰り表	120

第5章 管理会計

公認会計士・税理士　服部夕紀

この章のポイント	126
1　管理会計とは何か？	128
2　財務会計と管理会計の違い	132
3　管理会計のツール	134
4　損益分岐点分析	138
5　設備投資の意思決定	143

第6章 税務

税理士　小川克則

この章のポイント	148
1　会計の利益と法人税の所得	149
2　個人課税における所得区分と総合課税	154
3　個人課税における譲渡所得	161
4　相続税と贈与税	165
5　消費税	169

第7章 経営者のための経営分析

公認会計士・税理士　髙橋基貴

この章のポイント	176
1　財務諸表を比較する2つの方法	177
2　分析指標	178
3　具体的活用 ── 比較編	190
4　具体的活用 ── 分析指標編：小売業の例	196
5　具体的活用 ── 分析指標編：飲食業の例	198
6　参考数値	201

第8章 自動車営業のための活用法

公認会計士・税理士　服部夕紀

この章のポイント　　　　　　　　　　　　　　206

1　減価償却のおさらい　　　　　　　　　　　207

2　自動車の購入によって、
　　貸借対照表と損益計算書はどう変化するか　212

3　現金購入、ローン、マイカーリースの
　　買主側における違い　　　　　　　　　　　215

4　自動車を個人事業あるいは法人の
　　「資産」に計上する場合の前提条件　　　　220

5　自動車営業で"節税"を訴求ポイントにする　222

6　相手の用途に応じて提案する　　　　　　　225

索引

第1章 会計とは

公認会計士・税理士　高橋基貴

この章のポイント　　　　　　　　　　　　　　　*point*

　本書の中で一番とっつきにくく、理解しにくいのは、この第1章かもしれません。しかし、本書の基本でもある第2章から第4章を正しく理解するために、まずは一読してください。

　この章では、会計の基礎を取り上げています。理解すべきポイントは次の4つです。

　　① 会計を理解する意味
　　② 会計の基礎用語
　　③ 簿記の目的
　　④ 各決算書類が示してくれる内容

　会社が一定のルール（企業会計原則）に基づいて、領収書などの資料を一定の原則（発生主義・実現主義）に従って、簿記の処理を行うことにより決算書を作成していくこと、これこそが会計の基本です。

　次に会計を知るうえで最低限必要な用語として、「収益」「費用」「利益」をあげています。その知識に加えて、簿記の仕組みとその目的が理解できるようになると、会社の経営状態の真の理解には、損益計算書だけでなく、貸借対照表も大切であることが理解できます。それは、損益計算書と貸借対照表とが深くリンクしていることが理解できるからです。

　そこまで理解できると、第2章、第3章、第4章がより深く理解できるようになります。一読しただけでは、ほとんどわからないかもしれませんが、第2章から第4章を読んだ後、この第1章を再度読むと、その内容がはっきりと理解できるはずです。

1
会計がわかるということは

　会計を理解することにより、決算書の見方がわかるようになります。決算書の見方がわかるようになれば、会社の業績が良いのか、悪いのか、自分で判断がつくようになります。

　さらに理解が進めば、会社の状況までも理解できるようになるので、会社が欲していることもわかるようになるでしょう。このように、経理マンだけでなく、営業マンにとっても会計は必要になるのです。

　この本の最終目標は、決算書をつくれるようになることではなく、会計の仕組みと見方を理解し、ビジネスに活用することができるようになることです。

会計とは

　まず、会計とは何でしょうか？　会計とは、「貸借対照表や損益計算書などを作成していく一連のプロセスのこと」です。なんともわかりにくい定義です。あえて大雑把に表すならば、「会社のお金の収支を記録していくこと」ということもできるでしょう。

▌会計を学ぶ意味

　利益を求める考え方として、収益から費用を引いて残ったものが利益だ、とする考え方があります。一方で、期末の金額から期首の金額を差し引いた残りが利益である、という考え方もあります。

いずれも金額は同じになりますが、そもそも、収益とは何か、費用とは何か、資産とは何か、負債とは何か、と考えると、いろいろと疑問がわいてきます。その疑問を解決することが会計なのです。

▍本書での会計のとらえ方とその流れ

本書は、アカデミックに会計学を学ぶことを目的とするものでもなければ、自分で決算書をつくれるようになることを目的とするものでもありません。会計を学んだことがない読者の皆さんが、できるだけ容易に会計の知識を得られるようにすることを目的としています。

そのため、まず第1章から第4章にかけて、損益計算書（P/Lとも表記される）、貸借対照表（B/Sとも表記される）、キャッシュフロー計算書（CFとも表記される）などの重要な会計書類について、会計学の立場から簡単に会計の解説を行います。

その後、第5章から第6章にかけて、会計と税務のつながりや、管理会計の話に発展させています。ここまで読むと、会計に関わる基本点が大雑把とはいえ、一通り把握できるようになるはずです。

そして、終盤の第7章から第8章にかけて、第1章から第4章まで得た会計知識を基に、本来業務への活用方法を得られるように工夫してみました。

ここまで理解が進むと、学んだ会計知識を実務で活用できるようになります。単に知識を得ることではなく、「会計をビジネスの現場で使えるようになる」ことを本書の最終目的としています。

2
会計の基本は「収益」「費用」「利益」

会計の話では、「収益」「費用」「利益」という言葉が当たり前のように使われます。これらの知識を誤解していると、すべての会計の話が理解できなくなり、結局会計とはなんだかよくわからないということになってしまいます。まずは、この3つの用語を把握することが大切です。

▌収益とは何か

収益とは、「企業が外部に商品を引き渡したり、サービスを提供したりすることにより、対価として受け取る金額」のことです。「商品を売ったり、サービスを提供したりすることにより受け取るもの」という説明のほうがわかりやすいでしょう。詳しくは第2章で説明しますが、「売上」「営業外収益」「特別利益」の3つが収益となります。

> **豆知識**
>
> 収益はここに注意！
>
> 収益で誤解されるのは以下の2つです。
>
> ① お金が後で入る場合にも、商品の引き渡しやサービスの提供がなされた時点で収益と認識する。

⇒この点について、「お金が入ってくる＝収益」ではないということに注意しなければなりません。詳しくは第2章の発生主義のところで説明します。

② お金が入ってきても、お金を借りた場合や会社に出資してもらう場合など、商品の引き渡しやサービスの提供が伴わない場合には、収益とは認識しない。

⇒お金を借りた場合には、いつか返さなければなりません。自分のお金ではないのです。借入金という負債が増えて、現金という資産が増えただけであって、自分のお金ではない以上、収益とはいえないのです。

費用とは何か

　費用とは、「収益を生み出すために支払った金額」です。詳しくは第2章で説明しますが、「売上原価」「販売費」「一般管理費」「営業外費用」「特別費用」の5つが費用となります。

> **豆知識**

費用はここに注意！

　費用で誤解されるのは以下の4つです。

① 商品や材料などはそれが売れた時点で費用として認識するが、買った段階では資産となる

⇒この点について、費用と収益は対応してとらえる必要がありま

す。詳しくは第2章で、発生主義のテーマとして明らかにします。

② 「土地を買った」「事務所を借りるのに敷金を払った」などの場合は、資産が増えるだけで費用とはならない

③ 建物・機械・自動車を買った場合には資産が増える。そして、一定のルールに従い減価償却をすることにより、数年間にわたり費用になるので、買ったときに全額費用にならない

⇒②と③はどちらにしても、買っただけでは資産になるだけで、費用にはなりません。この違いは、第3章の減価償却資産のテーマで詳しく説明します。減価償却というテーマは重要な概念ですが、ここではあまり意識しないで大丈夫です。

④ 借入金を返済した場合には、借入金という負債が減るだけで、費用とはならない。

⇒お金を払っても、資産が増えたり、負債が減ったりするだけで、費用にはならないことが数多くあります。ここで、収益・費用以外に「資産」「負債」というキーワードが出てきました。非常に大切な用語ですので、第3章で詳しく解説します。

利益とは何か

利益とは「収益から費用を差し引いて算出された金額」です。収益から費用を差し引いて算出された結果が利益であるため、収益と費用を正しく理解することが大切になります。

> **! 豆知識**

利益はここに注意！

　しかし、特に、収益と利益を混同してしまうと、会計に関する話の内容がまったく違ってしまうことがあります。この点には要注意です。

　たとえば、「うちの会社の収益は1,000万円だ」と「うちの会社の利益は1,000万円だ」とでは、まったく意味が違います。なぜならば、利益は収益から費用を控除して求めるので、収益≠利益となるからです。ですから、仮に収益が1,000万円であるのならば、ここから費用を控除した利益はもっと小さくなるのです。

各種の利益

　利益は収益から費用を差し引いて算出されるのですが、その利益が本業の利益なのか、投資活動のような副業を含んだ会社全体の利益なのか、さらには分配可能な利益なのかについて、第1章の知識だけではまだわかりません。

　同じ利益でも、いくつかの種類に分類することができるのです。これを明らかにしてくれるのが決算書であり、第2章以降の重要なテーマになります。

豆知識

さまざまな類似用語の説明

「収入」と「収益」は似たような意味ですが、一般に現金が入ってくる収益を「収入」と表現します。対して、「収益」は現金が後で入ってくるものまでも含めた、より広い概念になっています。

似た表現として「所得」があります。一般的には、「益金」(税務上の収益) から「損金」(税務上の費用) を差し引いて算出されるものを「所得」と表現します。つまり、税務では「所得」と表現し、会計では「利益」と表現するのです。

同じような概念で「年商」という用語もあります。年商とは売上合計であり、「年収」とは年商から必要経費を差し引いた自分の取り分のことをいいます。

また、費用に似た用語で、「経費」「損失」という用語があります。多少乱暴ではありますが、企業の利益に貢献するものが「経費」、貢献しないのが「損失」、費用はその2つをあわせた広い概念、という程度の理解でいいでしょう。

3
簿記は会計の基本

「経理の仕事をしているわけではないのだから、簿記なんてわからなくてもよい」と思っている読者も少なくないことでしょう。しかし、簿記を知らないと、この後に出てくる貸借対照表がわからなくなり、ひいては決算書の内容が理解できなくなってしまいます。

そのため、会計の話をするにあたって簿記の話は避けて通れません。簿記の実務ができるようになる必要はありませんが、その仕組みの理解だけは必要です。

▌簿記の定義

簿記とは、簡単にいうと「帳簿」と呼ばれる書類に、お金などの財産に関する「取引の記録」をつけることです。その最も簡単なものが、お小遣い帳や家計簿と呼ばれるものです。

帳「簿」を「記」録するから、「簿記」なのです。「取引」とは、「資産」「負債」「純資産」と、「収益」「費用」（第3章を参照）が増減する行動のことです。

これだけではわかりにくいので、具体例をあげます。

▌取引の記録、すなわち「仕訳」

たとえば、次の2つの取引をしたとします。

> 例1：売上金100円をもらった。
>   100円の現金が増え、売上を100円計上する。
>
> 例2：100円の車を購入した。
>   100円の現金が減り、車を100円計上する。

この中には、それぞれ以下の2つの要素があります。

① どのくらい財産が増減したのか（資産・負債・純資産の増減）
② どのくらい儲けたのか（収益・費用の増減）

例1の取引では、現金という資産が増え、売上という収益が増えたことになります。一方、例2の取引では、現金という資産が減り、車という資産が増えたことになります。

仕訳の意味するところ

さて、ここから「借方（左）」「貸方（右）」という用語が出てきます。まずは、貸借対照表、損益計算書の形を見てみましょう。

図表1　貸借対照表と損益計算書の形

貸借対照表

左（借方）	右（貸方）
資　産	負　債
	純資産

損益計算書

左（借方）	右（貸方）
費　用	収　益
利　益	

貸借対照表の左側には資産、損益計算書の左側には費用が記載されています。そして、貸借対照表の右側には負債と純資産、損益計算書の右側には収益が記載されています。

- 左側が増える・右側が減る
  → 仕訳の借方（左側）に記載される
- 右側が増える・左側が減る
  → 仕訳の貸方（右側）に記載される

これが仕訳の基本です。

「借方」はひらがなで「かり」と、「り」の字が左側に払うので
→ 左側
「貸方」はひらがなで「かし」と、「し」の字が右側に払うので
→ 右側

私もこのように覚えましたので、参考にしてください。基本に従って前の2つの例の仕訳を行ってみましょう。

> 例1：現金という資産が増え、売上という収益が増えた

- 現金という資産（左側）が増えた
- 売上という収益（右側）が増えた

と、2つの要素に分けられます。よって、次のような仕訳になります。

借方　現金　100円　/　貸方　売上　100円

> 例2：車という資産が増え、現金という資産が減った

・車という資産（左側）が増えた
・現金という資産（左側）が減った

と、2つの要素に分けられます。よって、次のような仕訳になります。

借方　車両　100円　/　貸方　現金　100円

仕訳のまとめ

仕訳の仕組みを理解するには次の2点が大切です。

① 取引を2つの種類に分類すること
② 貸借対照表と損益計算書の形を理解すること

今後もこの本で仕訳が出てきますが、左側に書いてあれば、「資産が増える」「負債が減る」「費用が増える」ことです。そして、右側に書いてあれば、「資産が減る」「負債が増える」「収益が増える」ことだと理解してください。

この基本原則を理解しないまま簿記を学ぼうとしても、スムーズに頭に入らないのではないでしょうか。簿記が苦手という人の多くは、基本原則の理解が不十分なまま仕訳を覚えようとしているようです。

簿記のまとめ

　実際に仕訳を行うには、どの領収書がどの勘定科目（備品・売上・交際費など）になるのかを理解する必要があります。しかし、その内容は本書の目的外になりますので、仕訳の詳しい説明は省略します。仕訳を行うことにより、貸借対照表と損益計算書などの決算書が作成されるのだという程度の理解で十分です。

　簿記について興味がある人は、簿記検定の２級を目指して学習することをお勧めします。２級に比べて１級は格段に難しくなりますが、会計ソフトを利用して決算書を作成するにあたっては２級レベルの知識で十分でしょう。

4
会計のルールは「企業会計原則」

会計もスポーツと同様にルールがあります。ここでは、サッカーに例えてみます。ある試合ではすべての選手が手を使ってよい、またある試合ではオフサイドがない、またある試合ではキーパーが2人いる等々、試合ごとにルールが違っていたのでは、成績の比較、強さの比較ができません。

会計も同様に、基本のルールが統一されているからこそ、成績の比較や強さの比較ができるようになります。ここでは会計の基本ルールを簡単にまとめてみます。

▌会計のルールとは

会計の基本ルールとは、「企業会計原則」のことです。企業会計原則とは、「実務の中に慣習として発達したものの中から、一般に公正妥当と認められるところを要約したもの」です。「会計実務が行われてきた中で、多くの企業が認めてきた原則」と言い換えることもできます。

企業が勝手にルールを決めて会計を行ったのでは、その結果でき上がる決算書もまちまちになり比較できなくなってしまいます。そこで、一定のルールとして設定されたものが「企業会計原則」なのです。

企業会計原則の中身

法律ではないものの、遵守しなくてはならない会計規範としての役割を持つ企業会計原則は、「一般原則」「損益計算書原則」「貸借対照表原則」と3種類あります。

「一般原則」は、「損益計算書原則」「貸借対照表原則」の上位原則として位置づけられているものです。ここでは一般原則だけ説明することにします。損益計算書原則、貸借対照表原則については、それぞれ第2章、第3章で説明します。

> **豆知識**
>
> **損益計算書原則と貸借対照表原則**
>
> これらの原則は、損益計算書、貸借対照表を作成するときに、企業が従うべき基準が記載されたものです。勘定科目名の例示であったり、仕訳処理するうえで注意すべきポイントであったりと、経理担当者ならば当然把握しておかなければならない、経理実務処理上の内容が記載されています。
>
> ですが、本書の読者には、そのようなものがあることだけを知っていれば十分です。損益計算書原則と貸借対照表原則の内容まで把握する必要はないでしょう。

一番大事な一般原則

一般原則は「真実性の原則」を頂点として、「正規の簿記の原則」

「資本取引・損益取引区分の原則」「明瞭性の原則」「継続性の原則」「保守主義の原則」「単一性の原則」の7つから構成され、「重要性の原則」がそれに準ずるものとしてあげられています。

① 真実性の原則　企業会計は、企業の財政状態や経営成績に関して、真実な報告を提供するものでなければならない。
② 正規の簿記の原則　企業会計は、すべての取引につき、正規の簿記の原則に従って、正確な会計帳簿を作成しなければならない。
③ 資本取引・損益取引区分の原則　資本取引と損益取引とを明瞭に区分し、特に資本剰余金と利益剰余金とを混同してはならない。
④ 明瞭性の原則　企業会計は、企業の真実の姿をできるだけ明瞭な形で反映するものでなければならない。
⑤ 継続性の原則　企業会計は、その処理や原則を毎期継続して適用し、みだりにこれを変更してはならない。
⑥ 保守主義の原則　企業の財政に不利な影響を及ぼす可能性がある場合には、これに備えて適当に健全な会計処理をしなければならない。
⑦ 単一性の原則　株主総会提出のため、信用目的のため、租税目的のためなど、種々の目的のために異なる形式の財務諸表を作成する必要がある場合、それらの内容は、信頼しうる会計記録に基づいて作成されたものであって、政策の考慮のために事実の表示をゆがめてはならない。

一般原則の定義をまとめましたが、当たり前のことが書いてあ

るだけ、という印象を持たれる読者も多いと思います。まさに、その通りなのです。一般原則は守らないといけない原則なのですが、換言すれば「誰でも守れる原則」なのです。

だからこそ、基本的にはどの企業もこの原則に従った決算書になっているはずなのです。

豆知識
重要性の原則

重要性の原則とは、「企業会計は、定められた会計処理の方法に従って正確な計算を行うべきものであるが、企業会計が目的とするところは、企業の財務内容を明らかにし、企業の状況に関する利害関係者の判断を誤らせないようにすることにあるから、重要性が乏しいものについては、本来の厳密な会計処理によらないで、他の簡便な方法によることも正規の簿記の原則に従った処理として認められる」という原則です。

しかし、重要性の原則は、一般原則の例外の原則です。なぜなら、重要でなければ、正しい処理をしなくてよい、という考え方でもあるため、他の原則を否定しかねない内容だからです。そのため、会計に精通した人以外は、「そういう考え方もあるのだな」という程度の理解で十分です。

会計と税務の差

「企業会計原則は会計上のルールであって守らなくてはいけな

い」と述べましたが、実は守られていないことが多いのです。もちろん一般原則については概ね守られていますが、詳細な規定が記載されている損益計算書原則、貸借対照表原則のほうが守られていません。その理由は以下の通りです。

① 規定が細かく、かつ処理が煩雑であるため、簿記に精通していないとその内容を理解できず、会計原則に従った処理ができない。
② 税法に反すると罰則があるが、企業会計原則は法律ではなく慣習であるため、企業会計原則に反しても罰則はなく、会計原則に反してでも税法に従った処理をしてしまう。

このため、実務では企業会計原則に完全に従った処理ではなく、税法基準に準拠した処理に基づく決算書が作成されてしまうことが頻繁に発生しました。会計と税務がかけ離れていってしまったのです。

豆知識

中小会計要領

会計原則が守られなくなると、誰でも理解・比較できるような決算書にするという趣旨が実現されなくなってしまいます。そこで、まず「中小企業の会計に関する指針」（会計指針）が作られました。しかし会計指針は、IFRS（国際財務報告基準）の影響を受けて大企業向けの基準に近づいていることなどから、あまり

普及しませんでした。

　この反省を踏まえて新たに作られたのが、中小企業の実態に即した会計処理のあり方を重要視した「中小企業の会計に関する基本要領」(中小会計要領)です。これは、大企業向けの国際会計基準の影響を遮断するとともに、細則主義から原則主義へ(原理原則を基準化し、詳細な規定はない)方向転換するものであったため、かなり普及しました。

5
決算書は会社の成績表

会社の業績や状況を見るのに必要なのが決算書です。決算書は、損益計算書、貸借対照表、キャッシュフロー計算書などから構成されます。それぞれ意味合いが違うため、何を知りたいのか考えながら、それぞれの資料を明らかにします。

決算書とは

会社が企業会計原則（中小企業の会計要領）に基づいて、領収書などを発生主義・実現主義（第2章参照）により簿記の処理を行い作成するのが決算書です。その決算書を構成する代表的な書類とは、「損益計算書」「貸借対照表」「キャッシュフロー計算書」の3つです。

損益計算書とは

損益計算書は、「一定期間の収益と費用の関係を明らかにし、企業の経営成績を報告する計算書」のことです。P/Lとも表現されます。簡単に表すと、1年間の会社の企業経営に関する成績表です。損益計算書の詳細については、第2章で説明します。

損益計算書が読めるようになれば、この1年間（1年間だけであることが重要で、過去の業績はここではわかりません）の会社の経営成績を把握することができます。この1年間、会社がどのような経営をしてきたのかを知りたい人はここを中心に読んでみましょう。

ところで、決算書＝損益計算書と考えている人が非常に多く、「損益計算書だけわかれば、決算の理解は十分だろう」と誤解されています。しかし、損益計算書は会社の1年間の経営状況を示しているに過ぎず、これだけで会社全体の評価をすると、かえってその会社の実態を見誤る可能性があります。

貸借対照表とは

貸借対照表は、「決算時点の企業の資産・負債・純資産の状況を表す書類」です。B/Sとも表現されます。簡単に表すと、会社の財政状態をまとめたものです。

貸借対照表で大事なことは、「資産＝負債＋純資産」であることです。貸借対照表の詳細については、第3章で詳しく説明します。

貸借対照表が読めるようになれば、どのような負債（借入金などの資金調達や会社が支払うべき債務をイメージしてください）と、どのような純資産（今までの会社の経営成績の累積であり、創立からの合計が黒字ならプラス、赤字ならマイナスになるくらいのイメージで十分です）によって、会社の資産が構成されているかがわかるようになります。そのため、下記の3つが理解できるようになります。

　①　現在どのような資産・負債を保有しているか
　②　過去から現在までどのような経営成績であったか
　③　今所有している資産はどのような形で調達されたか

貸借対照表は読みにくいのですが、実は過去と現在をつないでくれる大切な決算書です。しかし、専門家以外であれば、いくつ

かのポイントを絞って読んでいくだけで十分でしょう。それだけでも、会社の状況が理解できるようになります。

過去から現在までどのような経営をしてきたか、その結果としての現在の財政状態を知りたい人は、ここを中心に読んでみましょう。

キャッシュフロー計算書とは

キャッシュフロー計算書は、「会社のキャッシュフローの増減を1会計期間にわたって示した書類」です。簡単に表すと、1年間の会社のお金の出入りをまとめた書類です。

この書類により、「お金がいくら手元に残っているか」「どのような原因によってお金を動かしたか」などを理解できるようになります。キャッシュフロー計算書の詳細については、第4章で説明します。

本格的なキャッシュフロー計算書を作るのは大変ですが、簡便的なものであれば、少し勉強するだけで作れるようになります。ただし、税務申告上では不要な決算書のため、中小企業は作成していないことが多いです。

経営者であれば、「利益があるのにお金がない」「赤字なのに、お金を借りずに経営できている」など、利益とお金の動きが連動していないという事実に直面することがあるのではないでしょうか。そんな疑問を解決してくれるのが、キャッシュフロー計算書です。

キャッシュフロー計算書が読めるようになれば、会社の資金に余裕があるかどうか、会社がどのようなことにお金を使ったのかが理解できるようになるのです。

> **豆知識**

注記表

　いわゆる決算書の中には、今回あげたもの以外にも、株主資本等変動計算書、勘定科目内訳書など複数の書類があります。その中でぜひ、見ていただきたいのが注記表です。

　注記表には、貸借対照表、損益計算書、キャッシュフロー計算書などにおいて、会社の決算を行ううえで選択した会計処理などがまとまって記載されています。

　その内容は、減価償却の方法、消費税の処理方法、有価証券の評価方法、在庫の評価方法など多種におよびます。それらの会計処理のうち、どの処理方法を選んでいるかによって決算書の数値は大きく変わってきます。そのため、注記表において選択した会計処理の方法を明示しておくのです。

　注記表は、決算書の正確な把握には欠かせない資料です。決算書を見るのに慣れてきたら、ぜひ注記表の内容にも気を配るようにしてください。

豆知識

粉飾決算

　損益計算書の経常損益などを意図的に操作して、企業の経営成績を隠蔽し実態より良く見せることが典型的な粉飾決算です。また、貸借対照表の資産を過大計上したり、負債を簿外計上するなどして、企業の財政状態を実態より良く見せる場合もあります。

　反対に、脱税などの目的で、会社の決算を実態より悪いかのように偽装して決算書を作成することは「逆粉飾決算」と呼ばれ、これも粉飾決算に含まれます。

　なぜ粉飾が行われるのかというと、利益の過大計上により信用を高く見せたり、利益の過少計上により分配を回避したり納税を回避することが理由としてあげられます。

　たとえば、利益を過大計上する粉飾の典型的な方法としては、「売上高を架空計上し、売掛金を過大計上する」という方法があります。売上そのものが架空であるため、現金を得られることができず、そこで売掛金としておくわけです。そうなると架空の売上の分だけ売掛金が膨らんでいきます。

　このように粉飾決算は何らかの形で決算書類に現れてきます。したがって、損益計算書や貸借対照表を単体として理解するだけではなく、損益計算書と貸借対照表の両方の関係を念頭に置きながら決算書類を理解することが必要になるのです。

第2章 損益計算書

公認会計士・税理士 髙橋基貴

この章のポイント　　　　　　　　　　　　　　　　　　　　*point*

　第2章では、損益計算書の解説をします。会計に馴染みがない人でも、会社の売上や利益を示す決算書といえば、なんとなくわかるのではないでしょうか。

　この章で理解してほしいポイントは次の3つです。

　① 各段階損益の意味
　② 収益と費用を把握するためのルール
　③「売上」「売上原価」「販売費及び一般管理費」「営業外収益」
　「営業外費用」「特別利益」「特別損失」の意味

　損益計算書を理解するのにまず必要なのが、複数ある利益のそれぞれの意味です。営業利益、経常利益など複数ありますが、それぞれ意味するところは異なります。会計の話をするにあたって、その場面にあった利益を選択することがスタートになります。

　また、作成される損益計算書は適正なものでなくては意味がありません。そこで、適正な損益計算書を作成するためのルールが必要になります。

　そのルールにはいろいろとありますが、絶対に理解しないといけない「発生主義」「実現主義」「費用収益対応の原則」だけ、理解してください。第1章でも簡単に触れていますが、これらは損益計算書と貸借対照表がリンクされる根拠となっているものです。

　後半は「売上」「売上原価」「販売費及び一般管理費」「営業外収益」「営業外費用」「特別利益」「特別損失」を個別に取り上げています。今までひとかたまりとしてしか理解していなかった損益計算書が、具体的に理解できるようになります。

1
決算の基礎は損益計算書

　損益計算書は一定期間（多くの場合、一定期間とは1年間のことをいう）の収益と費用を明らかにし、企業の経営成績を報告するものです。

　損益計算書を見ることにより、会社の経営状態が理解できます。ただし、売上が多いから成績が良い、利益が黒字だから成績が良い、という単純な理解では大きな誤解を生む恐れがあります。

　損益計算書は、「営業損益計算の区分」「経常損益計算の区分」「純損益計算の区分」の3つの区分（＋1がありますが、必要なのは3つです）から構成されます。それぞれの区分や区分利益の意味を理解することにより、会社の経営状態をより適切に理解することができます。

▍営業損益計算の区分

　売上総利益から販売費及び一般管理費を差し引いたものが「営業損益」です。

　　売上総利益－販売費及び一般管理費＝営業損益

　売上から売上原価を差し引いたものが「売上総利益（「粗利」ともいう）」です。

　売上原価は、販売した商品の仕入れや販売する製品の製造にかかる本業の費用のことです。

　また、販売費及び一般管理費とは、会社で発生した売上原価以

外の費用のうち、主たる営業活動に関わる費用のことです。「給与」「家賃」「接待費」などの勘定科目があります。

売上、売上原価と販売費及び一般管理費の詳しい説明はそれぞれ2.3節と2.4節にありますが、大切なことは売上も、売上原価も、販売費及び一般管理費も主たる営業活動により生じた収益と費用であることです。そのため、そこから算出される営業損益は、本業の収益力、つまり会社の本業により得られた利益を示しています。

経常損益計算の区分

営業損益に営業外収益を加え、営業外費用を差し引いたものが「経常損益」です。

　　営業損益＋営業外収益－営業外費用＝経常損益

ここでの「営業外」とは、「本業以外の活動」を意味します。

具体的には、お金を預けたり、お金を借りたり、株を買ったりするような資金活動などが該当します。その結果発生する営業外収益には、「受取利息」「受取配当金」などがあります。営業外費用には「支払利息」「社債利息」などがあげられます。

ここで大切なことは、営業外収益も営業外費用も本業以外から生じた損益ではあるが、資金活動という会社の経常的な企業活動により生じた損益であるということです。つまり、経常損益は会社が毎期繰り返す事業活動の損益であり、本業のみならず副業も含めた会社の継続的な利益を示しています。

純損益計算の区分

経常損益に特別利益を加え、特別損失を差し引いたものが「純損益」です。

　経常損益＋特別利益－特別損失＝純損益

純損益は「税引前当期純利益」とも表します。

ここでいう「特別」とは、具体的には所有している資産を売った、災害により損失を被った、リストラにより多額の費用が発生したなど、定期的に発生しない活動が該当します。その結果として発生した収益・費用が、「特別」利益であり、「特別」損失になります。

経常損益までが経常的な損益を表します。純損益は臨時的な損益までも加味した損益になるので、１年間の会社全体の損益を示すことになります。
しかし、臨時的な要因も含めた損益のため、会社の継続的な活動の成果は反映してはいない点に注意しなければなりません。

税引後当期純利益

純損益から法人税等を差し引いたものが「税引後当期純利益」です。

　純損益―法人税等＝税引後当期純利益

純損益から法人税を引くことにより、税引後当期純利益（「最終利益」とも表す）が算出されます。税引後当期純利益は税金を

支払った後に会社に残る利益であり、分配可能利益であるということができます。

ところで、法人税は税引前当期純利益を元に算出するのですが、税引前当期純利益が黒字でも法人税を支払わないこともありますし、また赤字なのに税金が発生することもあり、税引前当期純利益と税引後当期純利益とには単純な相関関係はありません。

しかし、税引前当期純利益と税引後当期純利益との相関関係を理解するには税金の仕組みを理解しなければならないため、ここでは税引後当期純利益に関する簡単な内容の情報だけに留めます。

豆知識

会計と税務のズレ（会計基準と税務基準）

会社の経理は企業会計基準に基づいて行いますが、税金計算は税法に基づいて行います。そして、企業会計基準と税法とでは、一部不整合があります。

企業会計基準では費用計上が必要であっても、税法では費用計上が認められない例は多々あります。そのため、企業会計基準に基づき算出された決算書では利益が生じても税金が発生しないことがあれば、決算書上赤字なのに税金が発生するという事態も生じるのです。

図表2　損益計算書の利益構造

売　　上　　高				
売上原価	売　上　総　利　益（＝粗利）			
	販売費及び一般管理費	営　業　利　益		
		＋営業外収益／△営業外費用	経　常　利　益	
			＋特別利益／△特別損失	純　損　益（＝税引前当期純利益）
				法人税等／税引後当期純利益

2 収益・費用を把握するための原則

どのタイミングで、どの金額が収益・費用として計上されるのでしょうか。その理解に必須なのが、「現金主義」「発生主義」「実現主義」「費用収益対応の原則」です。

この原則がわかれば、物を買ったのに費用にならない、お金が入ってきたのに収益にならない、などの疑問が解決でき、決算書の内容を正しく理解できるようになります。

現金主義

実際にお金が入ってきたときに収益を、実際にお金を支払ったときに費用を認識する基準が「現金主義」です。通帳と現金の動きだけで帳簿をつけられるので、単純かつ簡単であるというメリットがあります。

反面、契約してもお金が入ってこない限り収益にならず、また、すぐに使わないものでも先に支払ったらすぐに費用になってしまうなど、会社の利益を正しく示せないため合理的ではありません。

そのため、小規模の個人事業主以外では、この基準を用いて決算をすることは認められていません。

発生主義

現金の受け渡しに関係なく、経済的事象の「発生」の事実に基づいて収益と費用を認識する基準が「発生主義」です。現金などの動きとは関係なく、経済的な事実関係に基づいて帳簿を作成す

るため、会社の正しい利益を示すことができます。そのため合理的な基準と考えられています。

しかし、収益については客観的測定が難しくかつ不確実性が高いため、発生主義は費用にのみ採用され、収益については次の実現主義が採用されています。

実現主義

経済的事象の「実現」の事実に基づいて収益を認識する基準が「実現主義」です。ここでいう実現とは、次の2点が求められます。

①財貨や役務が提供されること
②現金または現金同等物を獲得したこと

実現主義に関しては何をもって実現とするかという議論へと発展しますが、専門的な議論になってしまいますので、ここでは省略します。

豆知識

収益はなぜ発生主義では把握できないか

発生主義を用いて、収益を把握する場合にはどうなるでしょうか。

商品を仕入・販売する業者を例にとってみましょう。商品の販売による収益は、販売時点で一時に形成されるものではありません。商品の仕入から販売に至るまでの商品調達、在庫管理、商品販売、といった各形成プロセスすべてにおいて、段階的に

付加価値が加わることにより、形成されるものです。

　ここで、100円で仕入れたものを300円で販売したとします。その場合に、商品を仕入れた時点で160円、在庫管理を行った時点で40円、外部の第三者と契約した時点で100円、という具合に収益を段階的に認識すべきとなります。

　しかし、各段階でいくら収益が発生しているのか、その金額を正確に把握することは不可能です。

　さらに、現金または現金同等物の獲得前に収益を認識することになり、不確実性が高いため、収益が取り消されるリスクがあります。未実現の段階で、収益を認識するのは早すぎるのです。

　以上の2点から、収益は実現主義で把握するわけです。

費用収益対応の原則

　費用および収益は、その発生源泉に従って明瞭に分類し、各収益項目とそれに関連する費用項目とを損益計算書に対応表示しなければならないという基準が「費用収益対応の原則」です。

　当たり前と思われる読者もいるでしょうが、費用は発生主義、収益は実現主義により認識するため、この原則がなければ売上の計上時点と販売した商品原価の計上時点がずれてしまうことから、正しい会計処理にならなくなってしまう可能性があるので注意が必要です。

　この原則により、「収益という結果に、費用という原因を結びつける」ことになり、実態に近い利益が算出されるようになるのです。

> 豆知識

期中現金主義

　経理体制が十分でない会社では、この方法で経理が行われています。「正しい決算書を作成したいが、日々の経理は最も簡単にしたい」という要望から生まれた実務的な基準です。

　売上金が入金されたときに売上を認識し、費用のお金を使ったときに費用を認識する方法を日々行います。そして、決算日には発生主義に立ち返り、売掛金・未払金・買掛金・在庫などを認識します。

　メリットは簡便であることですが、デメリットとしては毎月の損益の数字は正しく計算されないという点があげられます。

　そのため、月単位の決算書である試算表は、会社の正しい業績を反映していない可能性があります。これでも法的には問題ないのですが、このような経理では、会社は実態を把握できなくなります。

資産・負債の計上の必要性

　「発生主義」「実現主義」「費用収益対応の原則」が存在することにより、資産・負債という概念が非常に大切になります。

① 商品を仕入れたが、販売していない。
⇒「仕入」に対応する収益がないため、「仕入」という費用を計上すべきではありません。よって、購入した商品を「仕入」という費用から「商品」という資産に振り替えます。

② お金を受け取ったが、商品を渡していない。
⇒「売上」という収益が実現していないため、収益を認識すべきではありません。よって、受け取ったお金は「売上」という収益から「前受金」という負債に振り替えます。

③ 商品を販売したが、お金を受け取っていない。
⇒お金は受け取っていないが、「売上」という収益は実現しています。よって、収益を計上するために、「売上」という収益を計上するとともに、「売掛金」という資産も計上します。

上記①②③は例示ですが、このような例は数多くあります。そのため、お金の動きと収益・費用にズレが生じるのです。

現金主義と実現主義・発生主義・費用収益対応の原則の違い

ここでは、現金主義と、実現主義・発生主義・費用収益対応の原則の違いを実例をあげて説明します。簿記が苦手と感じる読者は読み飛ばしても結構です。

・4月10日に、商品を100円で仕入れたが、その支払いは5月31日となる。
・5月20日に、その商品が150円で売れ、6月30日に現金で150円もらった。

① 現金主義の場合

この場合、仕訳は以下の通りです。
・4月
仕入：仕訳なし
売上：仕訳なし
・5月
仕入：仕入　100円　／　現金 100円
売上：仕訳なし
・6月
仕入：仕訳なし
売上：現金　150円　／　売上　150円

現金主義によると、6月は仕入がなく売上だけ計上されてしまうことになる一方、5月は仕入だけが計上されてしまい、経済実態とは合わなくなってしまいます。

② 実現主義・発生主義・費用収益対応の原則の場合

この場合、仕訳は以下の通りです。
・4月
仕入：仕入　　100円　／　買掛金　100円
　　　商品　　100円　／　仕入　　100円
売上：仕訳なし
・5月
仕入：仕入　　100円　／　商品　　100円
　　　買掛金　100円　／　現金　　100円
売上：売掛金　150円　／　売上　　150円

・6月

  仕入：仕訳なし

  売上：現金　　150円　/　売掛金　150円

　この例題は、経済的事象の「発生」を認識するということに慣れないと、非常に難しいでしょう。それは、お金を払ったり、受け取ったりしたときが経済的事象の「発生」と誤解する人が多いためです。

　まず、4月に仕入の契約をした時点で「仕入」という経済的事象が発生したため費用を認識します。しかし、販売はされていないため、「仕入」という費用から「商品」という資産に振り替えます。

　5月に売上の契約をした時点で「売上」という経済的事象が発生したため収益を認識します。それに合わせて費用を計上するため、「商品」という資産を「仕入」という費用に振り替えます。

　このように、「実現主義」「発生主義」「費用収益対応の原則」で処理をすると、収益と費用が同時に計上され、会計が正しい経済的実態を表現できます。

3
売上と売上原価がわかれば、会社の本業の状況がわかる

　損益計算書では、「売上」「売上原価」「売上総利益」からなる営業損益の区分がスタートとなっています。

　2.1節「**決算の基礎は損益計算書**」で記載した通り、営業損益は会社の本業の活動の動向を示す最も重要な区分になります。そのため、その構成要素である売上と売上原価を知ることが、会社の実情を把握する第一歩といえるでしょう。

▍売上とは何か

　売上とは、「商品やサービスの提供など、企業の主たる営業活動により得られる収益」のことです。主たる営業活動ではない収益の場合、「営業外収入」もしくは「特別利益」になります。

▍売上の認識

　売上は実現主義で計上することは説明した通りです。ただし、売上の実現の基準は下記の通り複数認められており、どれを採択するかは各企業に委ねられています。

① 出荷基準　自社から商品などを出荷した時点で売上を計上する
② 納品基準　得意先に商品を納品した時点で売上を計上する
③ 検収基準　商品などを検収された時点で売上を計上する

④ 役務完了基準　サービスの役務が完了した時点で売上を
　　　　　　　　　計上する
　⑤ 工事完成基準　工事が完成した時点で売上を計上する

　いろいろな基準が認められているのは、会社により、また業種により、実現したと考える基準が異なるためです。
　このように、会社が確実に実現した、と合理的に考えた時点で計上することが認められていますが、継続性の原則により、ひとたび採用した基準はみだりに変更することは認められません。継続性の原則により、毎期継続的に同じ基準の適用が求められます。

仕入原価・製造原価・売上原価の定義

　「仕入原価」「製造原価」「売上原価」、この違いは非常に大切です。そこで、これらの用語を説明する前に、まず、この3つを整理しておきます。この3つの違いについては「売上原価とは」で説明します。

　① 仕入原価　仕入れた商品に対して支払った金額
　② 製造原価　販売すべき商品を製作するのに支払った金額
　③ 売上原価　仕入原価・製造原価の中で販売した商品に対
　　　　　　　応する金額

仕入原価・製造原価とは何か

　仕入原価は「仕入れた商品の金額」ととらえれば、ほぼ間違いありません。
　一方、製造原価は下記の算式で表現されます。

製造原価＝材料費＋労務費＋経費

　実際には、按分計算や見積計算があるためにそれほど単純ではありませんが、詳しい計算についてはここでは割愛します。ここで大切なのは、製造原価は材料費だけではなく、作業員の人件費などの労務費や工場などの家賃・水道光熱費などの経費も含まれているということです。

豆知識

製造原価報告書

　製造原価報告書とは、製造した製品の製造原価を表す報告書のことです。製造実務においては、期首及び期末において製造に着手したものの完成していない製品が存在するということがあります。これを「仕掛品」と表現します。そうなると「製造原価は販売すべき商品を製作するのに支払った金額である」というのは、厳密にいえば誤りということになります。

　正しくは次のように把握します。

　　　製造原価＝期首仕掛品＋当期総製造費用（＝材料費＋労務費
　　　　　　　＋経費）－期末仕掛品

　この仕掛品の金額をどのように計算するかは非常に難しいため、ここでは仕掛品というものがあることだけわかれば十分です。興味のある方は、工業簿記（原価計算）を学ぶことをお勧めします。

在庫とは何か

企業実務においては、他の企業から商品を仕入れたり、自社工場で製品を製造したりしても期末までに販売できなかった（もしくは販売しなかった）商品や製品が存在します。それらを「在庫」と呼びます。

豆知識
在庫の評価

在庫の金額を求めるのは実務ではかなり厄介です。端的には、「在庫金額＝数量×単価」となるのですが、この単価が問題となります。つまり、在庫金額の計算を行うには、単価の評価基準と評価方法を決めなくてはならないのです。

評価基準には「原価法」と「低価法」がありますが、通常は原価法を使います。

問題は評価方法です。評価方法には、「個別法」「先入先出法」「総平均法」「移動平均法」「最終仕入原価法」「売価還元法」があります。そのどの方法を用いるかによって、この単価が変わってしまうのです。

単価が変われば、当然在庫の金額が変わります。どの基準を用いるかは自由ですが、毎期継続的な適用が求められます。どの評価基準・評価方法を利用しているかは、注記表に記載されています。

売上原価とは何か

仕入原価と製造原価は、買ったのか作ったのかという過程の違いはあれ、誤解を覚悟でいうならば、「企業が商品・製品に投じた金額」になります。

ここで、2.2節「**収益・費用を把握するための原則**」で説明した費用収益対応の原則を思い出してください。費用収益対応の原則に照らし合わせれば、仕入原価・製造原価にはなっても、販売されなければ費用にはなりません。その場合、販売されなかった商品・製品は、「在庫とは何か」で記載した通り在庫になります。そのため次の式のようになります。

期首在庫＋仕入原価－期末在庫＝売上原価
期首在庫＋製造原価－期末在庫＝売上原価

売上と対応してはじめて、「売上原価」という費用になるのです。

売上総利益（＝粗利）とは

会計用語では「売上総利益」というのが正しい用語ですが、一般的には「粗利」という用語が使われます。

売上総利益（＝粗利）＝売上－売上原価

この利益の多寡が、その会社の本業の商売の動向・特徴などを示します。

売上と売上原価のまとめ

この後の経営分析の第7章では、売上、売上原価、粗利、売掛金、

買掛金、在庫に関する分析指標が数多く出てきます。それだけこの6個の項目には、大切なことが数多く詰まっています。会社を理解するのに、非常に重要であるということに留意しておいてください。

4
内容が盛りだくさんの販売費及び一般管理費

損益計算書で一番行数が使われているのは、この「販売費及び一般管理費」です。勘定科目の種類が多数あることから、「何をどう理解すればよいかわかりにくい」という声がよく聞かれます。

ここでは、この全体像を説明します。全体像がわかれば、その後は細かい勘定科目の意味を一つひとつ理解するだけで、会社の詳細が理解できるようになります。細かい勘定科目の内容を分析する前に、まずは全体像を理解してみましょう。

販売費及び一般管理費とは

販売費及び一般管理費とは、「販売をするための費用と、財やサービスを生み出すために直接要した費用ではないものの企業を運営するために必要な費用」のことで、「販売費」と「一般管理費」に分けられます。

「販売費」とは販売手数料や広告費など、「商品の販売に関連して発生する費用」のことです。「一般管理費」とは、家賃や水道光熱費、租税公課、福利厚生費など、「企業の一般管理業務に関連して発生する費用」のことです。

端的に表すならば、「会社の営業活動に関連する費用のうち、売上原価以外のもの」が販売費及び一般管理費になるため、会社を経営するうえで不可欠な費用の集まりです。

その細かい内容はさておき、2.3節「**売上と売上原価がわかれ**

ば会社の本業の状況がわかる」の売上原価、2.5節「**営業外収益と営業外費用から、会社の資金需給状況がわかる**」の営業外費用、2.6節「**特別利益・特別損失には会社の大きな動きが表現される**」の特別損失ではない費用は、販売費及び一般管理費であるという程度の理解で十分です。

販売費及び一般管理費の代表的な費目

経理担当者以外でも、今後、販売費及び一般管理費を見るうえで、少なくとも押さえておいたほうがいい勘定科目を以下に列挙します。

① 役員報酬　会社の役員の給料
② 給　　与　役員以外の従業員やパート、アルバイトなどの給料
③ 接待交際費　いわゆる接待費
④ 地代家賃　店舗・事務所などの家賃
⑤ 水道光熱費　水道代・電気代・ガス代など
⑥ 外　注　費　業務請負契約などによって発生した業務について、他の企業や個人事業主に支払う代金のこと
⑦ 減価償却費　3.4節「減価償却資産」を参照
⑧ 保　険　料　会社で加入している生命保険料・損害保険料など
⑨ 旅費交通費　タクシー代・電車代など

勘定科目の名前

販売費及び一般管理費の内訳を何社か見てみると、「似たよう

な名前の勘定科目がある」「内容がよくわからない科目がある」といった疑問が起こるのではないでしょうか。

① 似たような名前の勘定科目の例
- 福利厚生費、厚生費
- 接待交際費、交際費
- 消耗品費、備品消耗品費
- 旅費交通費、交通費
- 給与、雑給、給与手当

② 内容がよくわからない名前の勘定科目の例
- 試作品費：会社が試作品を作る際の費用
- 手数料：何らかの手数料
- 管理諸費：会社の管理上発生する費用

なぜこのようなことが起こるかというと、勘定科目名が法律や企業会計基準で決められているわけではないためです。そのため、同じ内容であっても勘定科目名を変えることもありますし、また会社の判断で会社独自の勘定科目を設定したりすることもあります。つまり、「①似たような名前の勘定科目」の場合は、多少表現が異なっていても、基本的には同じ内容だということです。

また、管理上適切であると判断すれば、会社が自由に勘定科目名をつけても問題がないため、「②内容がよくわからない名前の勘定科目」のようなことが起こり得ます。このような場合には、その会社独自の活動を示していることが多いため、会社の経営状況を分析するうえで要注意の勘定科目であるともいえます。

販売費及び一般管理費のまとめ

それぞれの科目が販売費なのか、一般管理費なのか、完全に把握しなくても問題ありません。また、個々の内容について神経質になる必要もありません。

では、何が必要なのかというと、販売費及び一般管理費を総括的に分析していくことです。詳しくは第7章「経営者のための経営分析」で明らかにしますが、次のように多様な視点から販売費及び一般管理費を分析します。

- 売上に比べて販売費及び一般管理費全体の金額が大きすぎないか
- 際立って大きな金額が発生している科目はないか
- 同業他社と比較して異常な金額となる科目はないか
- 他社にはない特徴的な科目はないか

これにより、粗利から販売費及び一般管理費を差し引いた営業利益の内容が把握できるため、会社の状況をより深く知ることができるようになるのです。

5
営業外収益と営業外費用から、会社の資金需給状況がわかる

　営業利益を見ると、会社の本業がうまくいっているかどうか判断することができます。しかし、会社の業績を把握するのであれば、営業利益だけでは不十分であるともいえます。なぜならば、経常利益を見ることにより会社の資金需給がわかるため、本業のみならず、副業も含めた会社の継続的な活動状況が判断できるからです。

営業外収益・営業外費用とは

　「営業外収益」とは、営業活動以外の企業活動から生じる収益のことであり、「営業外費用」とは、営業活動以外の企業活動から生じる費用のことです。

　営業活動以外の企業活動とは、財務活動（借入や増資などの企業の財務に関連した活動）や投資活動（証券の売買や銀行への預け入れなどの企業の投資に関連した活動）などを表します。

　定義から理解していくより、営業外収益・営業外費用となる具体例を見ると、その内容が理解しやすいでしょう。

①　営業外収益に含まれるもの
・受取利息　預金に預け入れる投資活動から生じる利息
・受取配当金　株を購入する投資活動から生じる配当金
・有価証券売却益　株の売却という投資活動から生じる利益

② 営業外費用に含まれるもの
・支払利息　金を借りるという財務活動から生じる利息
・社債利息　社債を発行するという財務活動から生じる利息
・有価証券売却損　株の売却という投資活動から生じた損失

経常利益と営業利益の関係

　企業が営業活動により得られた収益は営業利益で表されます。そのうえで企業はお金が足りなければお金を借り、お金が余っていれば何らかの投資を行っています。その活動により生じた収益と費用が営業外収益と営業外費用で表示されます。

　経常利益は、営業利益と営業外費用を加減して算出します。その経常利益により、会社の状況を理解するには次の2パターンに分けて考えるとよいでしょう。

① 営業利益＞経常利益

　営業活動を行うにあたり、お金が足りない場合には、お金を借りる・社債を発行するなどの活動を行い、不足したお金を補っています。このケースでは、支払利息などの営業外費用が多く発生していることを示しています。

　つまり、企業が生み出す利益を元手としてお金を返済する必要があるため、会社の現預金や借入金に注意が必要となります。特に、経常利益が赤字となっている場合、安定的に返済ができない可能性があるため、注意が必要です。

② 営業利益＜経常利益

　営業活動を行うにあたり、お金が余っている場合には、定期預

金に回す、株や債券の購入などの投資を行っています。このケースでは、投資のリターンである利息や配当などの営業外収益が多く発生していることを示しています。

ここで、株や債券の投資を行っている場合には、大きな追加利益を生む可能性がある反面、かえって損失を生む可能性もあります。また、お金を本業の投資にうまく回せず、将来の事業の種まきが十分にできていない可能性を示唆している場合もあります。

営業外収益と営業外費用のまとめ

営業外収益、営業外費用を見ていると、上記のように会社の資金需給が見えます。

営業利益＞経常利益のようなケースは、常に会社が悪い状況にあると誤解する人がいます。ところが、会社が積極的に本業の改善を行っている場合や、新ビジネスのための準備を行っている場合には、資金調達を伴うことが多いため、支払利息が多く出てしまい、経常利益は小さくなります。

このような場合には一時的に営業利益＞経常利益となっても、将来増収増益になることも少なくありませんので、会社の状況を多角的に見たうえで判断することが必要です。

一方で、経常利益が赤字の場合で、かつ営業外費用が企業規模に比べて異常に大きい場合には要注意です。それは、企業を延命させるために、借入を繰り返している兆候を示す場合もあるためです。

このように営業利益と経常利益を見ることにより、本業の状況だけでなく、資金需要を含めた会社の継続的な活動が把握できるのです。そのため、経常利益も非常に大切なのです。

なお、経常損益計算の結果、プラスであれば経常利益となり、マイナスであれば経常損失となります。プラスかマイナスかがわからないと利益とは断言できないので、経常利益ではなく「経常損益」と表示することがあります。これは、営業利益と営業損失も同様です。

6
特別利益・特別損失には、会社の大きな動きが表現される

「特別」と書いてあることからもわかるように、特別利益も特別損失も、会社にとって「特別」な事態が起こった結果が表示されます。特別利益も特別損失も滅多に決算書には出てこないため、ここに何かある場合には絶対に着目しないとなりません。

特別利益・特別損失とは

「特別利益」「特別損失」とは、企業の経常的な活動に関連して毎期規則的・反復的に発生する収益と費用以外の利益と損失のことです。

その内容は、下記の2つに大きく区分されます。

① 前期損益修正　過年度の減価償却の修正など
② 臨時項目　固定資産売却損益、有価証券売買損益、災害損失など

①と②のどちらであっても、経常的に発生しない特別な事態が起こっていることを表していますので、絶対に着目しないといけないのです。

プラスの要因なのか、マイナスの要因なのか

利益が出たらから会社にとっては良いことであり、損失が出た

から会社にとって悪いことである、というほど簡単なものではありません。

その中身を考えると、それがプラスの要因なのか、マイナスの要因なのかを理解できるようになり、会社の方向性に対して正しく判断できるようになります。

いくつかの損益を例にとって説明しておきます。

① 過年度修正損益

本来は出てはならない科目です。なぜなら、通常は決算をやり直しして、昨年のものは昨年に処理すべきだからです。この科目が頻繁に出てくる会社は、経理能力を疑う必要があります。基本的にはマイナスの要因と捉えたほうがいいでしょう。

② 固定資産売買損益

余計な資産の整理や買い替えによることがほとんどでしょう。売買損益が出た結果、貸借対照表の固定資産が増えていれば買い替えであるため、「会社は大きくなろうとしている」「古い資産から新しい資産に変えて効果的かつ効率的になる」などと考えられるため、プラスの要因であることが多いでしょう。

しかし、固定資産が減少している場合には、逆に「会社の規模を縮小させようとしている」とも考えられるために、マイナスの要因であることも考えられます。

③ 有価証券売買損益

利益が出たほうがプラスの要因になりやすいのはもちろんなのですが、赤字でもプラスの要因となることはあります。問題は「な

ぜ売却したか」という理由にあります。

　もし、本業の利益が出すぎたことから、税金の支払いを抑えるために赤字覚悟で売却したのであれば、所有している有価証券の含み損（買った金額より時価が下回っている状態）を確定させただけに過ぎません。その場合、会社の資産状況を改善させながら節税を図っているので、プラスの要因といえます。

　一方、時価の変動が激しい有価証券の利益を確定するためであれば、投資活動がうまくいったことを示しており、プラスの要因といえます。

　しかし、資金繰りが苦しくて、資金調達のため売却したのであれば、利益でも損失でもマイナスの要因の可能性が高くなります。その場合、営業利益の動向と現預金の動向も加味しながら、会社の方向性の判断を慎重に判断する必要があります。

④ 災害損失
　火災、水害、地震などによる損害であり、会社に大打撃を与えることもあります。しかし一般的には、万一の災害に備えて損害保険に加入しているはずです。

　損害に見合った、もしくはそれを上回る保険金が収益で上がっていれば、リスクへの対応がしっかりした会社と考えられるため、プラスの要因と考えられます。

　しかし、保険金などの収入がなく、損失だけ計上されているような場合には、災害の損失が大きく経営上のマイナスとしてのしかかるうえ、リスクへの対応が弱い会社と考えられるため、マイナスの要因と考えられます。

⑤ その他

　最近では、事業構造改善費用や特別退職金といったリストラ関連費用もトピックになりました。いわゆるリストラに伴う退職金、人員整理に伴う費用などです。

　こういった損失が出る会社は、抜本的に生まれ変わろうとしていることを表しています。生まれ変われる会社とそうでない会社があり、その翌年の決算はかなり大きく変動するはずです。

　どちらにしても翌年の決算は大きな影響を受けますので、プラスの要因かマイナスの要因なのかは、慎重な判断が必要になります。

特別利益・特別損失のまとめ

　特別損益は単年度だけではなく、過年度・次年度にも注目することで、会社の方向性を判断することができるのです。

7
当期純利益

　売上高から売上原価を差し引いて売上総利益（＝粗利益）を求め、さらに販売費及び一般管理費を差し引いて営業利益が求められます。

　この営業利益に財務上の収益・費用などからなる営業外損益を加減して経常利益を求め、これに特別損益を加減して当期純利益を求めます。ここでは、「当期純利益」について明らかにします。

　当期純利益は、すべての収益からすべての費用を差し引いて計算される「当期の最終的な純利益」です。経常的な経営成績を判定するためには、経常利益が重要であるといえます。しかし、この経常利益に特別利益と特別損失を加算・減算したうえで、さらに法人税などを控除して計算されたものが当期純利益ですので、当期純利益が企業活動の最終的な成果を表しているともいえます。

豆知識

法人税は費用か利益処分か

　法人税は費用なのでしょうか？　それとも利益処分なのでしょうか？　費用とすれば税引後の当期純利益が分配可能利益となりますが、利益処分とすれば税引前の当期純利益も分配可能利益となります。

　費用であるという理由としては、「決算日に税は確定している

ので費用である」「株主が処分に影響を及ぼすことができないので利益処分ではない」という点が指摘されます。

利益処分であるという理由としては、「費用は利益の大小に関係なく計上するのに対し、法人税は利益に影響を受けるので費用とはいえない」という点が指摘されます。このように、会計学のさまざまな論点は2つの立場から議論を交わすことが少なくありません。

それでは、経常利益と当期純利益とでは、どちらが重要なのでしょうか？

① 短期的な正常収益力を重視するならば、経常利益が重要

経営成績を算定するためには収益と費用に対応関係がなければならず、因果関係が存在する収益と費用のみを計上すべきであると考えられます。特別損益は経済的因果関係のある経済的成果や犠牲とは異なり、費用収益対応の原則は適用されませんので、本来の経営成績を算定するのには不要ということができます。

このように考えるならば、経常利益を重視すべきであるということになります。

② 長期的な平均収益力を重視するならば、当期純利益が重要

分配可能利益の増加とは貨幣資本（貨幣の形態にある資本のこと）の増加でなければならず、費用は貨幣資本の減少でなければならないと考えられます。経常利益だけではなく、特別利益であっても貨幣資本の増加という面では同一であると考えられます。

このように考えるならば、特別損益も含んだ当期純利益を重視すべきであるということになります。

③ 現行の損益計算書

①②の議論がある中で、どのように会計上表示しているのでしょうか。現行の損益計算書では、営業利益、経常利益という経営成績の尺度となる利益のみならず、当期純利益という分配可能となる利益も表示する「包括主義」を採用しています。

つまり、どちらを重視する考え方にも利用できるように作られているといえます。

図表3　損益計算書

Ⅰ	売上高	10,000	営業損益計算
Ⅱ	売上原価	7,000	
	売上総利益	3,000	
Ⅲ	販売費及び一般管理費	1,000	
	営業利益	2,000	
Ⅳ	営業外収益	500	経常損益計算
Ⅴ	営業外費用	800	
	経常利益	1,700	
Ⅵ	特別利益	200	純損益計算
Ⅶ	特別損失	0	
	税引前当期純利益	1,900	
	法人税等	600	
	税引後当期純利益	1,300	

> 豆知識

経営成績と分配可能利益のいずれを重視するか

　経常利益と当期純利益のどちらを重視するかという問題は、会計の目的に関連します。

　「投資家等に有用な情報を提供するのが会計の目的だ」とする立場からは、企業の正常な収益力すなわち経営成績を重視し、経常利益が重要であると考えます。一方、「株主に対する経営者の受託責任を明らかにするのが会計の目的だ」とする立場からは、企業の分配可能利益を重視し、当期純利益が重要であると考えます。

　損益計算書に関して、経営成績を重視する立場からは「経営成績算定のために発生収益を客観性、確実性によって限定すること」が求められ、分配可能利益を重視する立場からは「分配可能利益算定のために、貨幣性資産の裏付けのある収益を認識すること」が求められることになります。

　さらに、貸借対照表の資産の評価を例にとれば、経営成績を重視する立場からは「物価変動がある場合は取得原価と時価は一致しなくなるので、取得原価主義は時価主義に比べて合理的ではない」と考えることになりますし、分配可能利益を重視する立場からは「株主から提供された貨幣をどの資産にいくら使用したかを明らかにすることが受託責任の解明に役立つのだから、資産を取得原価で評価し、販売などの実現時に利益を認識することで未実現利益を排除することができ、よって分配可能利益の算定に役立つ」と考えることになります。

　会計に関するさまざまな考え方の違いは「経営成績を重視する

のか」、あるいは「分配可能利益を重視するのか」という根本的な考え方の違いに起因することが少なくありません。「それぞれの立場からどのような違いとなるのか」を考えると理解しやすいのではないでしょうか。

第 3 章

貸借対照表

税理士　小川克則

この章のポイント　　　　　　　　　　　　　　　　　　　*point*

　第3章では、決算書の中でも特に重要書類である貸借対照表について説明します。この章で理解してほしいポイントは次の6つです。

　　① 貸借対照表の概要
　　② 貸借対照表の記載ルール
　　③ 資産、負債、純資産の関係
　　④ 保有する資産負債の把握
　　⑤ 減価償却資産
　　⑥ 特殊な勘定科目の理解

　貸借対照表は、企業の資産、負債、純資産の状況を表す書類であるため、企業の保有資産やその資産の調達が自己資金によるものか借り入れによるものかの判断、過去からの利益の蓄積の有無など、有用な情報を読み取ることができます。

　「貸借対照表は嘘をつかない」と、昔から言われる企業の心臓部です。それなりのボリューム感はありますが、まずは減価償却資産など、重要性の高いものから確認していきます。その後、のれんや繰延資産についても見ていきます。ここまでくれば、貸借対照表に対する理解度はより深まります。

1
貸借対照表とは

「貸借対照表」とは、作成時点での財産債務の状況を示す表のことです。貸借対照表を見れば、どのように資金を調達し、どのように運用しているかを把握することができます。

ここでは、貸借対照表に関する基本的な事項を説明します。

貸借対照表のひな型

第1章でも説明しましたが、貸借対照表の形を視覚的に見てみると右側と左側があります。この貸借対照表の左側を「借方」、右側を「貸方」と呼びます。借方と貸方は呪文のようなもので、名称に特に大きな意味はありません。

左側に「資産の部」、右側に「負債の部」と「純資産の部」という形で構成されており、貸借対照表は日々の取引を簿記のルールに従って仕訳、記帳、集計することで、損益計算書とともに作成されます。

貸借対照表が表すもの

貸借対照表には、会社が保有する「資産」「負債」「純資産」に関する情報が満載されています。

「資産の部」には現金・預金、有価証券、土地建物などが、「負債の部」には借入金が、「純資産の部」には資本金といった具合に、何をどれだけ保有しているかを一目で見ることができる超重要書類です。したがって一部の公開会社を除き、貸借対照表はその会

社の経営者や経理担当者しか見ることができないはずです。

せっかく貸借対照表を見る機会を得たのであれば、貸借対照表にどのような科目があるかを「見る」だけではなく、貸借対照表を「読む」ことが必要です。それは、貸借対照表に記載された情報を読み取り自身の仕事に活かすことが本書の目的だからです。

それでは、貸借対照表を読むためには、どういった目線で何を見ればいいのでしょうか?

はじめに押さえてほしいことは、貸借対照表は右側(負債、純資産)から左側(資産)に流れているということです。

貸借対照表の右側には、「負債」と「純資産」が計上されています。これは、調達した資金の性質が自身で調達したものか、それとも他人から調達したものかによって区分されています。たとえば、金融機関からの借入金であれば「負債」に、株式の発行により調達した資金やこれまでの利益の蓄積であれば「純資産」にといった具合です。

貸借対照表の左側には、「資産」が計上されています。たとえば、現金預金、在庫、土地建物などです。これらは、調達した資金をどのような資産に変えて事業活動をしているかという、資金の運用結果が表されています。

この視点を基に貸借対照表を見てみれば、その企業が保有しているさまざまな資産が、自己資金で調達したものなのか、それとも借入で調達したものなのか、その資産の裏側を読み取ることができます。

資産の中身、負債と資本の違いなどについては後で詳しく説明します。ここでは右側から調達した資金を左側でどう運用しているのか、という考え方があるということだけを理解していただけ

れば十分です。
　貸借対照表を理解するにあたって、右から左に流れるという目線を持つだけでも、貸借対照表から得られる情報は桁違いに増えるのです。

2
取得原価主義と時価主義

　貸借対照表に記載されている資産・負債の評価方法には、購入時の金額で評価する「取得原価主義」と、決算時に時価で再評価する「時価主義」の2つの考え方があります。今日の日本の会計では、前者の取得原価主義が採用されています。

帳簿価額（取得原価）とは

　貸借対照表に記載されている金額のことを「帳簿価額（略して簿価）」と表します。そして、簿価は資産を購入したときを基準にして、その価額を貸借対照表に計上しています。

取得原価主義

　第1章で説明した企業会計原則には、「貸借対照表に記載する資産の価額は、原則として当該資産の取得原価を基礎として計上しなければならない」と規定されています。これは、貸借対照表には資産を買ったときの金額で計上しなければならないという考え方です。これを「取得原価主義」といいます。

時価とは

　「時価」とは読んで字のごとく、そのときの価額、つまりは市場価格です。取得原価が購入したときの価額であれば、時価は現在の価額といえるでしょう。

　貸借対照表に記載されている価額はあくまで取得時の価額であ

るため、現在の価額とは異なります。そのため、購入時よりも現在の価額のほうが高い場合には含み益が、低い場合には含み損が、それぞれ貸借対照表には含まれていることになります。

この含み益・含み損は、貸借対照表から直接に読み取ることはできません。たとえば30年前に購入した土地が現在と同じ価額である可能性は極めて低く、上述したように含み益もしくは含み損があるはずです。

決算時に時価で資産・負債を再評価することで、このような含み損益を表面化させようという考え方があります。これを「時価主義」といいます。

豆知識

時価なのに2つあるの？

一口に「時価」といっても、実は2つあります。それは買うときの時価と売るときの時価です。

上記では市場価格が時価と説明しましたが、そこには当然、売り手と買い手が存在しますので、時価も2種類存在します。

① 正味売却価額　商品を売却した際に得られる収入。売り手の立場の時価
② 再調達原価　商品を再調達するのにかかるコスト。買い手の立場の時価

これは、金の地金の相場を思い浮かべるとわかりやすいでしょう。金の値段も市場経済に連動し、毎日変動しています。地金を取り扱う業者の店頭看板には、その日の取引相場の記載がありますが、その看板を見ると売値と買値の両方あるのがわかります。

このように、時価には2種類の時価が存在することに注意してください。

取得原価主義が取られている理由

企業の実態を示すためには、「時価で資産を評価したほうが現状の姿に近いためよいのでは?」という意見もあります。それではなぜ、貸借対照表は取得原価主義により作成されているのでしょうか?

時価主義により資産の値上り益(評価益)を計上した場合、実際には売却していないため、確定していない未実現の利益を計上することになります。その結果、未実現の利益に対して税が賦課される危険性や、未実現の利益が配当に回る危険性があります。

今日の日本の会計では、損益計算書から算定される課税金額や配当金額に重きを置いているため、貸借対照表の資産の評価差額などが損益計算に影響を与えないように、客観的な把握が可能となる取得原価主義が採用されているのです。

3
資金の運用結果である資産

　貸借対照表の「資産の部」には、実はさまざまな性質を持つものが計上されています。換金性の高いもの、長期で保有し収益を獲得する目的のもの、資産価値にないものの資産に擬制されたものなどです。

▌資産とは何か

　「資産」とはいったい何でしょうか。一般に思い浮かぶのは、預金や土地建物、車などでしょう。

　本書はビジネスパーソン向けの実務的な会計の本ですから、「資産とは、将来企業へ収益をもたらすことが期待されるもの」と理解していただければいいでしょう。企業は、経済活動を行うことを目的としています。3.1節「貸借対照表とは」において、資産は調達した資金の運用結果であると説明しました。つまり、「資産の部」に記載された各種資産を運用することで、企業は事業活動を行い収益を獲得するのです。

▌資産の区分とは

　貸借対照表の「資産の部」を見ると、「流動資産」「固定資産」「繰延資産」と3つに区分されていることがわかります。そもそも、なぜ資産を区分しているのでしょうか。

　それは資産が持つ性質がそれぞれ異なることと、企業によって保有している資産がさまざまであることが関係しています。一定

のルールに従って区分して表示することで、企業の財務状態の客観的な把握をすることができるのです。

「繰延資産」については3.5節「繰延資産」にて説明しますので、ここでは「流動資産」と「固定資産」の区分について説明します。流動資産と固定資産の違いを端的に考えるならば、「1年以内に」という点がカギになります。

① 流動資産

流動資産には、主として1年以内に現金化されるものが計上されています。具体的には、「当座資産」「棚卸資産」「その他の流動資産」に分類できます。

「当座資産」とは、流動資産の中でも特に換金性の高い資産のことを指します。現金や預金、売掛金などが含まれます。現金や預金は説明が不要かと思いますが、売掛金という用語は馴染みがない読者もいることでしょう。「売掛金」とは商品の販売代金の未回収分であり、ツケと呼ばれるものです。

通常、商品を購入すると、その代金を支払う義務が生じます。企業間の商取引の中でその都度、代金の支払いをしていると業務が非常に煩雑になるため、代金は月末で一度集計して、その翌月末に支払うことが一般的になっています。

ここでいう「売掛金」とは、商品を販売した側が将来（翌月）代金を受け取ることができる権利であるため、すぐ現金化できるものとして流動資産に計上されています。

「棚卸資産」とは、通常の小売業であれば、店頭または倉庫にある在庫商品のことです。これは商品であるため、販売さえすれば現金化することができます。したがって、流動資産に区分され

ているのです。

「その他の流動資産」とは上記2つ以外の流動資産のことを指します。具体的には、1年以内に回収見込みのある貸付金や、支出はしたもののまだ役務の提供を受けていない費用の前払いである前払費用などが該当します。

②固定資産

固定資産とは、1年を経過してもすぐには現金化できないものの、長期のスパンで収益を獲得するために必要な資産のことを表します。具体的には、「有形固定資産」「無形固定資産」「投資その他の資産」に分類できます。

「有形固定資産」とは、土地や工場、機械等の設備等の目に見える資産のことです。

「無形固定資産」とは、特許権やソフトウェアのように、形はないものの長期にわたって収益をもたらしてくれる資産のことです。

「投資その他の資産」とは、余剰資金で長期的に保有する目的の有価証券、1年を超えて返済期限の到来する長期の貸付金等、有形固定資産、無形固定資産のどちらにも属さないものを指します。

このように、「固定資産」の中身は「流動資産」と異なり、上記資産の分類が貸借対照表上でも明確に区分表示されているのです。

正常営業循環基準と一年基準

貸借対照表の資産は、「正常営業循環基準」と「一年基準」の

2つのルールによって流動資産と固定資産とに区分されています。本節「資産の区分とは」では、「1年以内」というキーワードをご紹介しましたが、実際にはその前段階として「正常な営業活動」という観点があります。

「正常な営業活動」とは通常の商取引のことで、この通常の商取引において生じる資産はすべて流動資産に区分します。

① 正常営業循環基準　現金預金、売掛金、棚卸資産等、会社が通常の営業取引の中で生じた資産は、現金化されるまでの期間が1年を超えるものであっても原則として流動資産に区分するという考え方のことです。
② 一年基準　有価証券や貸付金等、通常の営業活動以外の取引で生じた資産は決算日後1年以内に現金化できるものを流動資産に、1年を超えて現金化できるものを固定資産に区分するという考え方のことです。

「資産の部」の上下の関係

貸借対照表の「資産の部」は、上から換金性の高い資産の順番に並べるというルールによって記載されています。大きな区分で見れば、流動資産、固定資産、繰延資産の順に並んでいます。

流動資産の中でも現金預金、受取手形、売掛金、棚卸資産、短期貸付金といった順に、上部ほど流動性が高く換金性の高い資産で、下にいけばいくほど換金性は下がります。このような表記の仕方を、会計学的には「流動性配列法」と呼びます。

4
減価償却資産

　企業は収益獲得のために固定資産を取得し、運用することが多いです。「減価償却」とは、時の経過や使用することで価値が減少する固定資産を、取得した後一定の期間および方法でその資産の取得価額を費用化していく処理のことをいいます。

▌減価償却とはいったい何か

　減価償却という用語は、「減価」＝価値の減少と、「償却」＝費用化とに分けることができます。つまり減価償却とは、価値の減少分を費用化することなのです。

　企業は、収益の獲得や業務効率化など、さまざまな目的で固定資産を取得することがあります。その支出は仕入などと同じように当然費用になるのですが、固定資産の場合はその費用にする方法が独特です。

　固定資産は、一度取得したら収益獲得に役立つ限り、その後一定期間に渡って使用されます。例として、商品を配送するための車を購入したとして説明しましょう。

　その車は一度購入したら、事故にあって廃車にでもならない限り、その後数年に渡って商品配送のために使用するはずです。つまり、その車両を購入したことによる効果は、その購入した年度だけでなく次年度以降にも及びます。

　一度車両を購入して使い続けることで今後数年間、業務効率が上がり、その分収益を獲得することができるのです。そのため、

その車両の取得のための金銭の支出は一時の費用とせずに、その車両の使用によって今後数年間で得られる収益と対応させることが必要となります。その車両の取得にかかる支出額を使用期間で按分して費用化することを「減価償却」と呼びます。

減価償却の目的とは

減価償却について説明しましたが、なぜそのような処理が必要なのでしょうか？

これは、第2章で説明した「費用収益対応の原則」（収益と費用を対応させることが企業会計にとって望ましいという考え方）を実行するために生まれた会計処理です。また、時価主義ではなく取得原価主義を採用しているために、計算に基づいた費用化が求められているのです。

減価償却資産と非減価償却資産

固定資産には、使用や時の経過とともに価値が減少する資産と、減少しない資産があります。

前者を「減価償却資産」、後者を「非減価償却資産」と呼びます。具体的には、「減価償却資産」には建物、機械装置、車両などが含まれ、「非減価償却資産」には土地が該当します。

減価償却はあくまでも使用などによって、価値が減価する資産が対象です。土地のように、使用しても、時の経過によっても価値が減少しない資産は減価償却の対象外です。

会計処理

減価償却費の計算は、「償却方法」と「耐用年数」で決まります。

「耐用年数」とは、減価償却資産を種類に応じた使用可能年数を見積もったものをいいます。

① 償却方法

　減価償却費の計算方法は何種類かありますが、ここでは代表的な「定額法」と「定率法」を説明します。

- 定額法　減価償却資産の取得価額を、決められた期間で同額ずつ償却（費用化）していく方法のこと
- 定率法　減価償却資産の未償却残高に、一定の率を乗じることで償却していく方法のこと

② 法定耐用年数

　減価償却資産は、その資産によって細かく耐用年数が法律によって定められています。これを「法定耐用年数」と呼びます。この法定耐用年数はあくまで減価償却費の計算のために便宜的に使用されるものであり、実際の資産の耐用年数ではありません。

　したがって、法定耐用年数が6年の普通自動車を企業が購入した場合に、その取得価額は6年で費用化されますが、費用化された後も使用可能であれば使用してまったく問題はありません。帳簿上は備忘価額で記録されることになります。

> 豆知識

貸借対照表に1円の車両⁉

　減価償却資産は毎期減価償却を行うことで、固定資産の帳簿価額が減少していきます。それでは最後まで償却を済ませてしまったら、「固定資産」から消えてしまうのでしょうか？

　答えは、1円だけ償却しないで「固定資産」に資産を残し、その資産はまだあるということがわかるようにします。これを「備忘価額」といいます。

　たとえば、車両を保有している企業であれば、車両が1円で計上されていることもあります。これはあくまでも忘れないようにするために帳簿価額を残しているのであって、決してその車両の価値が1円というわけではありません。

減価償却費はお金の出ていかない費用

　一般的に費用というと、金銭を支出するイメージがあるかと思います。たとえば、従業員に給料を支払っても、得意先を接待しても、家賃の支払いをしても、基本的には費用になるものは金銭の支出を伴います。しかし、減価償却費には金銭の支出がありません。

　それは、すでに対価を支払って購入した資産の取得価額を期間按分して費用としているからであり、いわば計算で求められた支出を伴わない費用だからです。したがって、企業の利益がマイナスであっても、そのマイナス以上に多額の減価償却費が計上されているような場合には、赤字であっても資金繰りはプラスという

ことが起こり得ることになります。

　この減価償却費を計上する前の実際の資金の動きに近い利益を「償却前利益」と呼びます。「償却前利益」は、損益計算書の表示上は出てきませんが、資金繰りを見る経営指標として非常に大切な利益といえます。

　償却前利益については少し難しい話なので、ピンとこない読者は読み飛ばしていただいて結構です。なお、減価償却費の議論は損益計算書に関する論点ですが、減価償却資産を説明する関係から本節で取り上げました。

5
繰延資産

貸借対照表の「資産の部」の下部に「繰延資産」というものが計上されています。資産に計上されていますが、本質は費用であり、財産としての価値はないけれども、会計上の考え方の下で資産として処理されたものです。

繰延資産とは

「繰延資産」は本質として費用なのですが、下記の3つの要件をすべて満たすものを資産として取り扱っています。

① すでに対価の支払いが終了または支払義務が確定している
② 対応する役務の提供を受けている
③ その支出の効果が将来にわたって発現する

会計において繰延資産として処理するものは、創立費や開業費など、企業会計基準委員会の実務対応報告によって限定列挙されています。繰延資産は貸借対照表の繰延資産の部に計上され、概ね5年以内で償却されます。

他の資産との違い

繰延資産と他の資産との違いは、繰延資産が役務の提供の済んだ支出を会計上の考え方の下で資産として計上したものであるため、換金性がないということです。

他の「資産の部」に計上されている資産は、現金預金はもとより、売掛金等の債権、固定資産に計上される土地、建物、車両など、売却や換金することができるという点で繰延資産と大きな相違点があります。

　会計上の考え方の下で計上された繰延資産は、資産として財産価値がないために「擬制資産(ぎせい)」と呼ばれています。つまり、実体のない資産ということです。

豆知識

前払費用との比較

　繰延資産と似たような資産として「前払費用」があります。これは来期以降の費用で今期中に支払ったものを、前払費用として資産計上したものです。性質はとても似ていますが、前払費用は繰延資産ではありません。

　それでは、どこが違うのでしょうか？　それは、前払費用はあくまで費用の前払であり、役務の提供を受けていないということです。家賃で考えると、来期の家賃を前払いしても当然まだ住んでいないので、物件の使用という役務提供を受けていないという状態のことです。つまり、「繰延資産とは」で説明した繰延資産の要件②を満たしていないため、繰延資産には該当しないのです。

6 のれん（営業権）

「のれん」とは、企業買収の際に発生する資産で、買収される企業の資産の簿価と買収価額との差額のことを指します。

通常、買収価額は買収される企業の資産の簿価よりも高くなるため、その際に発生した差額を無形固定資産に計上します。のれんは有形固定資産と同じように償却し、費用化されます。

のれんとは

企業買収を検討する場合、通常であれば、その企業に魅力があって自社に欲しいから買収するわけです。

この買収価額は、買収される企業の資産の簿価で買収するわけではありません。当然、資産の時価も加味しますし、その事業を買収することで将来自社へどのくらいの利益がもたらされるかなど、多角的に検討されて買収価額は決定されます。

結果として、買収価額は買収される企業の資産の簿価よりも高い金額になることがほとんどです。しかし、買収した後資産を受け入れる側の企業では、あくまで簿価で引き継ぐことになるため、簿価よりも高い金額で買収した分だけ差額が生じます。この差額が「営業権」となるのです。

つまり、「営業権」とは、その買収企業の資産の価値以上の魅力の部分ということになります。一般的には、その企業の持つ事業の将来性や、今までに培ってきたブランドの価額といえるでしょう。

営業権の処理

　営業権は企業のブランド力、将来性ということを説明しましたが、無形固定資産に計上される営業権は、日本の会計においては償却が必要という考え方を採用しています。ですので、20年以内のその効果のおよぶ範囲内で償却をするという処理が適用されています。

7
他人からの資金調達である負債

「負債」とは、未払いの債務や運用資金の調達源泉です。資金調達の側面から見ると、他人からの借入となるので、返済が必要な資金となります。この「返済が必要」という点が、「負債の部」の一番の肝になります。

負債とは

「負債」とは、会社が将来、外部に対して財貨を引き渡す義務のことです。つまり、「負債の部」に計上されている各勘定科目の金額は、一部引当金等の例外を除き、会社から外部へ返済する必要があります。

負債の部の区分

「負債の部」の区分も、基本的には「資産の部」の区分と同様です。正常営業循環基準と一年基準により、流動負債と固定負債とに区分します。

また、資産の区分と同様、正常な営業取引の中で生じる債務を流動負債に区分します。借入金等、営業債務以外のものは1年以内に返済するか、返済期間が1年を超えるかどうかで、流動・固定の区分をします。

① 流動負債

「流動負債」は、主に「仕入債務」と「短期借入金」とに分け

ることができます。

「仕入債務」は3.3節で説明した当座資産の中の売掛金と逆の関係にあるもので、商品の仕入代金の未払分のことを指します。

「短期借入金」は金融機関などからの借入金のうち1年以内に返済しなければならない借入金のことをいいます。

②固定負債

「固定負債」は、主に「長期借入金」と「社債」とに分けることができます。

「長期借入金」は、借入金のうち返済期間が1年を超える借入金になります。通常の金融機関からの融資は、ほとんどがこちらに該当します。

一方、「社債」は会社が外部から資金を調達するために発行する債券のことです。発行時に定められた年数を経過した後に一括で金利とともに返済する資金の調達方法になります。会社の信用力に応じて金利が決まりますので、一部の大手企業以外では金融機関からの借入よりも金利が高くなる傾向にあります。したがって、借入と比べて資金の調達方法としてはあまり一般的ではありません。

固定負債は、外部からの資金調達の有無が確認でき、保有している資産と借入のバランスを見るうえで重要な情報が載っています。

負債の部の上下の関係

「負債の部」も「資産の部」と同様に、流動性配列法により上から「流動負債」「固定負債」の順に貸借対照表に表示され、下にいけばいくほど返済のタイミングが遅くなっています。

> 豆知識

借入金を確認しよう！

　貸借対照表の「負債の部」には、「短期借入金」や「長期借入金」があります。事業を行っていない読者からすると、借入金は住宅ローンや車のローンくらいしか検討する機会がないかと思います。こんなにも多くの企業が借入をしていることに驚いてしまう読者もいることでしょう。

　しかし、融資の理由がわかれば心配ありません。企業の規模拡大等による設備資金や一時的な資金繰りによる短期融資は、通常の事業活動の中で生じるものです。

　このように、企業は設備資金や運転資金の関係上、金融機関との付き合いなしにはなかなか活動できません。肝心なのは、「借入金を返済できているか」「返済に必要な利益が損益計算書に計上されているか」です。正常な借り入れができるということは、それだけ企業が信頼されている証なのです。

　ただし、赤字が続いていて日々の運転資金が足りず、運転資金を補てんするために融資を受けているのであれば、注意が必要でしょう。

8
引当金

　前節で、負債とは財貨を外部に引き渡す必要があると説明しました。ですが、引当金には他の負債とは異なる性質があります。「引当金」とは、将来発生するであろう特定の支出に備え、あらかじめその見込み額を見積り計上しているもののことです。

▎引当金とは

　「引当金」とは、将来の特定の支出や損失に備えるために、主に「負債の部」に計上される金額のことをいいます。

　退職金を例に考えてみましょう。退職金は、その企業を長年に渡り勤め上げたことによる対価として、退職時に支払われる金銭です。退職金は、本質的には賃金の後払いといわれています。その考え方では、30年であれば30年間、退職金として支払われる分の賃金が毎期未払いであると考えられるのです。

　企業会計においては、適正な期間損益計算をするために、費用と収益の計上時期を対応させる「費用収益対応の原則」があります。そのため、退職時に支払われる退職金という費用を一時の費用とせず、従業員が提供してきた役務に対して、毎期、見積り額を計上することで、適正な期間損益計算の実現を図っているのです。

▎引当金の計上要件

　引当金を計上することで適正な期間損益計算を実現すると説明しましたが、将来の支出に備えるためなら、どんなものでも引当

金として計上していいというわけではありません。引当金は、下記4要件をすべて満たすもののみ、計上することが認められています。

　① 将来の特定の費用または損失であること
　② その発生が当期以前の事象に起因すること
　③ 発生の可能性が高いこと
　④ 金額を合理的に見積ることができること

引当金の種類

それでは、ここで引当金の種類を見てみましょう。代表的な引当金には、「貸倒引当金」と「退職給付引当金」があります。

① 貸倒引当金

中小企業であれば、ほとんどの企業で設定されているものです。売掛金などの金融債権は、相手の支払能力によっては回収することができなくなるリスクがあります。回収不能（「貸倒れ」という）が生じた場合には、その回収不能額が費用となります。

この費用をどの会計期間で計上すべきであるかというと、当然、その売上債権の計上された会計期間に処理すべきです。したがって、実際にはまだ貸倒れが起きたわけではなくても、金融債権の総額から業種に応じた貸倒れの実績率等を用い、見積りで引当金を計上しているのです。また、売掛先が破産申請をしたなどの場合には、個別に貸倒引当金を設定することもあります。

この貸倒引当金は、貸借対照表の「資産の部」にマイナスで計上されます。

② 退職給付引当金

　主に規模の大きな企業で多く設定されています。将来、従業員が退職するときに支払われる退職金のうち当会計期間で計上すべき金額を見積り、当期の費用として計上するために、引当金として処理されるのです。

> **豆知識**
>
> ## 法人税法における引当金
>
> 　会計においては、上述した4要件を満たす場合には引当金として計上し、適正な期間損益計算を実現すると記しましたが、法人税法においてはどうでしょうか？
> 　実は、法人税法では、4要件を満たすもののうち貸倒引当金と返品調整引当金のみ計上を認めています。
> 　これは法人税法と企業会計原則の目的の違いに理由があります。企業会計では適正な期間損益計算の実現であるのに対し、法人税法は課税の公平となっています。そのため法人税法においては、むやみやたらに引当金を計上し、これを経費として処理することを認めていないのです。

9
自己資金と利益の蓄積である純資産

「純資産」は資金の調達源泉のうち、自己資金での資金調達の部分を指します。

借入による資金調達との一番の違いは、調達した資金の返済が不要だということです。「純資産の部」には、損益計算書で計算された利益が計上されることにもなります。損益計算書と貸借対照表の2つの表が、利益を通してつながっているということもできます。

「純資産の部」の区分

「純資産の部」は、「株主資本」とそれ以外の項目に区分されています。中身を細かく見ると複雑そうですが、ここでは「株主資本」の「資本金」と「繰越利益剰余金」だけを押さえておけば大丈夫です。

① 資金調達としての純資産

「純資産の部」の一番上に「資本金」があります。「資本金」とは会社を設立し、事業を開始する際に最初に払い込む資金のことで、わかりやすく表すならば事業を始める際の元手のことです。

すべての企業はこの資本金を払い込むことから始まり、その資本金で仕入れをしたり、機械を買ったり、資金を運用して事業を行います。また、必要な投資に対して自己資金である資本金だけで足りなければ、新たに株式を発行して株主に引き受けてもらう

か（これを増資と言います）、3.7節「他人からの資金調達である負債」の負債である借入金のように、金融機関などから融資を受け、必要な資金を調達して事業を行います。

② 内部留保としての純資産

「純資産の部」の中に「繰越利益剰余金」という科目があります。この科目は損益計算書で計算される最終利益とつながっており、事業開始時から現在までの会社内に留保された利益の蓄積が計上されています。

貸借対照表は、複式簿記による記帳をすることで、損益計算書と一緒に作られます。資産負債の増減に関する取引を貸借対照表で、収益費用の発生に関する取引を損益計算書に転記することで一事業年度の決算を確定させます。

毎期、損益計算書で計算される税引き後の最終利益が貸借対照表の繰越利益剰余金の当期増加額として転記されているため、当期増加額を加えた当期末残高は設立から現在までの利益の蓄積額となっているのです。

「純資産の部」で理解すべき点

それでは「純資産の部」では何を見たらいいでしょうか？ 「資本金」でしょうか？

確かに、資本金と売上の規模というものはそれなりの相関があるといえます。また、資本金の額が多ければ多いほど、自己資金を投入していることになりますから、当然会社としての信用度は増すと考えていいでしょう。

しかし、最も重視すべきポイントは、やはり「繰越利益剰余金」

でしょう。どれだけ自己資金を準備できていたとしても、その営む事業が赤字であれば意味はありません。会社は継続することを前提に利益を追求していますから、利益を出さなければならないのです。

したがって「繰越利益剰余金」、つまり過去からの利益の蓄積が「純資産の部」の最重要項目と言っても過言ではないのです。

図表4　貸借対照表（勘定式）

（資産の部）		（負債の部）	
Ⅰ 流動資産	×××	Ⅰ 流動負債	×××
現金	×××	支払手形	×××
預金	×××	：	
：		Ⅱ 固定負債	×××
Ⅱ 固定資産		長期借入金	×××
有形固定資産	×××	：	
無形固定資産	×××	**負債合計**	**×××**
投資その他の資産	×××	（純資産の部）	
：		Ⅰ 資本金	×××××
Ⅲ 繰延資産	×××	Ⅱ 剰余金	×××
		純資産合計	**×××**
資産合計	**×××**	**負債・純資産合計**	**×××**

上に掲げた貸借対照表は、「勘定式」と呼ばれる形式です。勘定式の貸借対照表では、借方に資産、貸方に負債と純資産を表示します。勘定式は、資本調達の源泉とその運用形態とを対照表示することで、企業の財政状態をわかりやすく表示しています。

これに対して、報告式の貸借対照表は、資産、負債、資本を上

から下に順に記載する様式です。もちろん、勘定式であっても報告式であっても、表示される数値は同じです。

図表5　貸借対照表（報告式）

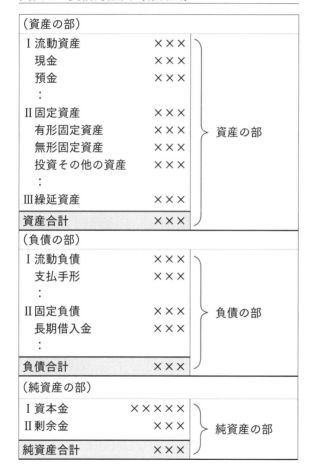

第4章 キャッシュフロー計算書

公認会計士・税理士　服部夕紀

この章のポイント

第4章では、「キャッシュフロー計算書を見たこともない」という読者に、「キャッシュフロー計算書を読み解くポイント」をご紹介します。

この章は難解ですので、難しく感じたら後回しにしてもよいでしょう。

この章で理解してほしいポイントは次の6つです。

① 概要
② 仕組み
③ 3つの活動区分
④ 3つの活動区分の関係
⑤ 企業の台所事情の読み取り方
⑥ 資金繰り表を作る必要性

キャッシュフロー計算書には、「営業活動」「投資活動」「財務活動」の3つの活動区分があります。まず、それぞれの活動区分が何を意味しているのかを紹介します。

次に、貸借対照表と損益計算書、キャッシュフロー計算書との関係を説明します。3つの活動区分の状況とその関係に着目すると、その企業の台所事情やライフサイクル、取り巻く経営環境について、非常に大きな情報を得ることができます。

企業はお金の支払いが間に合わなくなり、それを調達する手段がなくなったときに倒産します。これは、たとえ損益計算書上は黒字であってもです。これがいわゆる「黒字倒産」です。なぜこ

point

ういう現象が起きるのかについても、ここで明らかにしていきます。

あまり馴染みのないキャッシュフロー計算書ですが、「こんな活用方法もある」ことを覚えておくと、ビジネスでは強力な武器となるでしょう。

たとえば、企業が伸び盛りのときと、衰退期とでは、企業側のニーズも異なります。そのときの企業の状況をきちんと掴むことが、営業をする上で大きな手がかりとなります。

1
キャッシュフロー計算書の概要

　企業の期首から期末における資金の動きをダイレクトに表しているのが「キャッシュフロー計算書」です。私たち人間は血液がスムーズに流れていないと生きていけないように、企業もお金の流れがスムーズでないと活動がうまく回らなくなります。

　キャッシュフロー計算書の読み方を身につけると、企業の資金繰りがどのぐらいスムーズにいっているのかを読み取れるようになります。

キャッシュフロー計算書の活動区分

　「キャッシュフロー計算書」とは、企業が持っている資金の期首残高と期末残高の差額、つまりある一定期間の「経営によるお金の動き」を、その原因となる活動区分ごとに分類して表示したものです。活動区分とは、企業活動を「営業活動」「投資活動」「財務活動」の3区分に分けたものです。詳しくは4.4節「キャッシュフロー計算書の活動区分」で説明しますが、以下で大まかな内容について触れます。

① 営業活動
　商品の仕入や販売、広告宣伝、在庫管理といった活動が含まれます。企業が利益を得るために継続的に行っている活動のことです。

② 投資活動

　固定資産の購入といった設備投資や新規事業開拓のための投資、余剰資金の運用などの活動のことです。研究開発などもここに含まれます。

③ 財務活動

　企業が資金を調達するため行う金融機関からの借入やその返済、株式や社債などの発行・償還などの活動のことです。ここで注意すべき点は、お金を借り入れると財務活動のキャッシュフローはプラスになり、お金を返済するとマイナスとなることです。

▌3つの活動区分があるのはなぜか

　キャッシュフロー計算書を3つに区分することで、キャッシュが増減した理由を活動別に把握することが可能となります。端的には次のように整理できます。

① 営業キャッシュフローがプラス　本業の営業活動が順調であり、本業によりキャッシュを稼げている。
② 投資キャッシュフローがプラス　本業以外の投資活動によりキャッシュを稼いでいる。
③ 財務キャッシュフローがプラス　本業の営業活動が順調でないため資金を外部から調達した。あるいは、営業活動の拡大のための資金を外部調達した。

▌資金の範囲とは

　資金とは、「現金及び現金同等物」のことを指します。「現金」

とはその名の通り紙幣および硬貨ですが、「現金同等物」とは普通預金などのように換金するのが簡単でかつ、その価値はほとんど変動しない短期投資のことです。満期までの期間が3カ月以内の定期預金などもここに含まれます。逆に3カ月超の定期預金などは、引き出すのに時間がかかるために、資金には含まれません。

キャッシュフロー計算書で企業の台所事情がわかる

　企業にとっての資金は人間における血液のようなものであり、血行が良ければ人間の体調が良くなるように、資金繰りもスムーズであれば企業は経営を続けることができます。

　企業は商品やサービスを顧客に販売して資金を獲得しますが、仕入代金や従業員への給料、経費などに資金を支出します。入金されてから支払うのであれば資金繰りは楽ですが、先に支払ってから入金される場合、企業はなんとか工夫して支払いのための資金を確保しなければなりません。

　キャッシュフロー計算書は、企業の一会計期間の資金の流れを、投資家や債権者、取引先といった企業の利害関係者に説明するために作成されます。

　キャッシュフロー計算書の見方がわかれば、その企業が一会計期間において資金をどのように調達し何に使ったのか、細かく把握できるようになります。その結果、その企業が資金調達に苦労しているのかどうか、どのぐらい積極的に投資を行っているのか、本業から十分な資金を稼ぎ出しているのかといった、企業のさまざまな台所事情が垣間見えるようになります。

キャッシュフロー計算書はどんな企業が作成しているか

　キャッシュフロー計算書を作成する義務があるのは、上場企業等有価証券報告書を発行している会社だけです。それ以外の企業ではキャッシュフロー決算書を作成する義務はありません。

　しかし、キャッシュフロー計算書の見方がわかるようになると、顧客に関するさまざまな情報を得られるようになります。4.4節「キャッシュフロー計算書の活動区分」で、企業分析においてキャッシュフロー計算書がどれだけ強力な武器となるかを説明します。

　たとえ日常的に経理の仕事をしていたとしても、キャッシュフロー計算書を読みこなすノウハウを持っているビジネスパーソンはさほど多くはありません。しかし、「どのように読み解くのか」を身につけることができれば、他社には真似できない営業提案などにつながる可能性が生まれます。

2
直接法と間接法

　キャッシュフロー計算書の「営業活動によるキャッシュフロー」の表示方法には、「直接法」と「間接法」の2通りがありますが、実務上は間接法による表示方法がよく使われます。

直接法

　「直接法」とは、たとえば企業が商品の仕入について一会計期間において実際に仕入先に支払った金額を集計し、その総額を表示する方法です。商品の売上高についても、現金販売や売掛金の回収金額など、一会計期間において実際に得意先から受け取った金額の総額を表示します。

間接法

　「間接法」とは、損益計算書の計上金額を利用し、現金の出入りを伴わない損益項目（非資金損益項目）や、売上債権・仕入債務、棚卸資産などの増減額および特定項目を調整することによって、営業活動によるキャッシュフローの額を間接的に算定し表示する方法です。

第4章：キャッシュフロー計算書

! 豆知識

資金ショートにご用心！

「資金ショート」という言葉を聞いたことはありませんか？

これは企業が持っている資金が少なくて、期日までに支払いをきちんとできない状態のことを指します。こうなると倒産寸前です。企業はこのような状態を絶対に避けなければならないため、常に資金繰りには注意を払い続ける必要があります。

! 豆知識

実務では、直接法と間接法、どちらが使われるか？

実務上は間接法による表示方法がよく使われています。理由は、企業が、収益は実現主義、費用は発生主義に基づいて金額を認識し、会計帳簿を作成しているからです。

一会計期間における「実際に入金のあった売上高」を把握するには、会計帳簿上の売上高から、まだ現金の入金がなされていない売掛金部分を控除し、期首現在の売掛金残高のうち当期回収された金額を加算して算定しなければなりません。

もし、直接法を採用するとなると、このように勘定ごとに会計帳簿の計上額に調整を加えて、実際に現預金の出入りがあった金額を算定しなければならないことになります。これでは手間がかかりすぎるため、事実上、困難となるのです。

3
キャッシュフロー計算書の仕組み

キャッシュフロー計算書の見方を理解する前に、キャッシュフロー計算書の仕組みについて簡単に説明します。

間接法で表示されるキャッシュフロー計算書は、損益計算書上の「税引前当期純利益」からスタートして、最後は貸借対照表上の「現金及び現金同等物」の期首と期末との差額で終わります。つまり、期首と期末における「現金及び現金同等物」の動きを、損益計算書のデータを使って総額表示(グロスアップ)しているともいえます。

▌間接法によるキャッシュフロー計算書

4.2節「直接法と間接法」で述べたように、キャッシュフロー計算書の「営業活動によるキャッシュフロー」は通常、間接法により作成されます。したがって、ここでも間接法によるキャッシュフロー計算書を採り上げます。

図表6の「キャッシュフロー計算書のひな型」を見てください。「Ⅰ営業活動によるキャッシュフロー」「Ⅱ投資活動によるキャッシュフロー」「Ⅲ財務活動によるキャッシュフロー」の順番に並んでいます。

この3区分のキャッシュフローの合計額は「Ⅳ 現金及び現金同等物の増減額」と等しくなります。この増減額は、貸借対照表における「現金及び現金同等物」の期首残高と期末残高の差額とも一致します。つまり次のような関係が成立しています。

図表6 キャッシュフロー計算書のひな型

```
   「Ⅰ  営業活動によるキャッシュフロー」
 +「Ⅱ  投資活動によるキャッシュフロー」
 +「Ⅲ  財務活動によるキャッシュフロー」
 =  合計金額
 =「Ⅳ  現金及び現金同等物の増減額」
 =「Ⅵ  貸借対照表の現金・現金同等物の期末残高」
 −「Ⅴ  貸借対照表の現金・現金同等物の期首残高」
```

実現主義・発生主義から現金主義による入出金額への調整

　間接法によるキャッシュフロー計算書は、損益計算書および貸借対照表のデータを基に作成されます。図表7の「キャッシュフロー計算書（○△□株式会社）」を見ると、「Ⅰ営業活動によるキャッシュフロー」は損益計算書の「税引前当期純利益」の額からスタートしますが、この金額は「実現主義および発生主義」により算定された額で表示されています。これを「現金主義」による入出金額に修正するため、調整項目を加減算していきます。

図表7 キャッシュフロー計算書

○△□株式会社　XX期

Ⅰ 営業活動によるキャッシュフロー

税引前当期純利益	150	←損益計算書の数値
減価償却費	50	←損益計算書の数値
有価証券売却益	△10	←損益計算書の数値
受取利息・配当金	△5	←損益計算書の数値
支払利息	12	←損益計算書の数値
売掛金の増加額	△20	←貸借対照表(期首・期末)の差額
棚卸資産の増加額	△30	←貸借対照表(期首・期末)の差額
買掛金の増加額	△10	←貸借対照表(期首・期末)の差額
小計	137	
利息及び配当金の受領額	7	
利息の支払額	△15	←実際の支払額を集計
法人税等の支払額	△35	←実際の支払額を集計
営業活動によるキャッシュフロー	**94**	

Ⅱ 投資活動によるキャッシュフロー

有価証券の売却による収入	110	←売却による実際の入金額を集計
有形固定資産の取得による支出	△321	←取得による実際の出金額を集計
投資活動によるキャッシュフロー	**△211**	

Ⅲ 財務活動によるキャッシュフロー

短期借入金の純増減額	△53	←貸借対照表(期首、期末)の差額
長期借入金の借入による収入	60	←借入による実際の入金額を集計
配当金の支払額	△30	←配当金の実際の支払額を集計
財務活動によるキャッシュフロー	**△23**	
Ⅳ 現金及び現金同等物の増減額	**△140**	←貸借対照表(期首・期末)の差額
Ⅴ 現金及び現金同等物の期首残高	**220**	←貸借対照表(期首)の数値の差額
Ⅵ 現金及び現金同等物の期末残高	**80**	←貸借対照表(期末)の数値の差額

実現主義および発生主義から現金主義への修正方法

ここで、実現主義、発生主義および現金主義についてまとめておきます（詳しくは、2.2節「収益・費用を把握するための原則」をご覧ください）。

実現主義 収益を「実現」した時点で認識する方法。ここでいう「実現」とは、財貨や役務の提供に加えて、現金や現金同等物を獲得したことを意味する。

発生主義 現金の受け渡しに関係なく、モノやサービスを使った時点で費用を計上する方法のこと。

現金主義 実際にお金が入ってきたときに収益を、実際にお金を支払ったときに費用を認識して、利益を算出する方法のこと。

「実現主義および発生主義」で表示されている収益・費用の額を「現金主義」に変更するということは、収益・費用の計上額から現金の出入りを伴っていない額を控除し、すでに現金の出入りがある額を加算することを意味します。

「実現主義および発生主義」から「現金主義」への修正方法を式にすると次のようになります。

「現金主義」による収益・費用の額
＝「実現主義および発生主義」による収益・費用の額
　－現金の出入りを伴っていない額
　＋現金の出入りがある額

はじめに、現金の出入りを伴わない損益項目を調整します。たとえば、減価償却費は損益計算書では費用ですが、資金の支払いを伴わないためにキャッシュフロー計算書では営業活動によるキャッシュフローに加算します。また、有価証券を売却して得た金額は「投資活動によるキャッシュフロー」に記載されるので、有価証券売却益の額だけ営業活動によるキャッシュフローを減らします。

受取利息・配当金や支払利息は、実際に受け取った金額や支払った金額を「営業活動によるキャッシュフロー」の小計の下に記載します。そして、損益計算書の計上額を打ち消すために、「営業活動によるキャッシュフロー」において受取利息・配当金は減算し、支払利息は加算します。

次に、売掛金や棚卸資産、買掛金などの残高は、運転資金に含まれるために調整していきます。売掛金の期末残高が期首残高を上回っていれば、「営業活動によるキャッシュフロー」を減少させます。棚卸資産も、残高が増えれば企業に眠っているお金が増えるために、「営業活動によるキャッシュフロー」を減少させます。一方、買掛金の期末残高が期首残高を上回っている場合には、「営業活動によるキャッシュフロー」を増加させます。買掛金残高が増えるということは、相手方に支払っていない債務が増えるということで、手元にあるキャッシュフローが増えていると考えるのです。

投資活動、財務活動によるキャッシュフローの調整

「投資活動によるキャッシュフロー」は設備投資や余剰資金の運用によるお金の増減を、「財務活動によるキャッシュフロー」は

資金調達や借入金返済などによるお金の増減をそれぞれ表します。

　貸借対照表の期末残高から期首残高を差し引くことによって固定資産や有価証券などの純額の増減額は算定できますが、ここでは取得による支出額や売却による収入額、借入金の借入れによる収入額や返済による支出額を関連資料から集計して総額表示へ修正します（図表7「キャッシュフロー計算書」をご覧ください）。

　営業活動に比べて投資活動および財務活動は取引件数が多くないために、純額を総額表示するための集計作業もそれほど大変ではありません。

　「なんだか難しそう」という印象を抱いた読者も少なくないでしょうが、「キャッシュフロー計算書の作成にはこんな作業が必要なのだ」という感覚を持ってもらえれば十分です。

豆知識

キャッシュフロー計算書と貸借対照表、損益計算書との関係

　キャッシュフロー計算書におけるキャッシュフローの合計額は、貸借対照表上の「現金等の期首残高と期末残高の増減額」と一致します。キャッシュフロー計算書ではその増減額を、損益計算書を利用して総額で表示しています。

　損益計算書（＝実現主義および発生主義により損益状況を計上している）の損益が好転し、その分だけ実際に企業に入金されると、キャッシュフローが増えてキャッシュフロー計算書の内容が良くなります。それを反映する形で、貸借対照表の内容も好転することになります。

4
キャッシュフロー計算書の活動区分

　繰り返しになりますが、キャッシュフロー計算書では企業のお金のキャッシュフローを3つの活動区分に分けて表示しています。これは企業が本業からどのぐらいお金を獲得しているか、獲得したお金を何にどのぐらい投資しているのか、そしてお金をどのように調達しているのかを明示するためです。

　この3区分のキャッシュフローの性質を把握すると、企業がどのように資金管理を行っているのかを読み取れるようになります。

キャッシュフロー計算書は3つの活動区分に分けられる

　同じような利益を獲得している企業でも、資金管理（資金繰り）がどの程度うまくいっているかで、経営の安定性がまったく違ってきます。

　仕入代金や金融機関からの借入金の返済額を支払期日までに支払えないと、銀行取引停止処分になり、最悪の場合は黒字倒産してしまいます。企業の経営者にとって、資金繰りのプレッシャーというのはかなり大きいものです。

　キャッシュフロー計算書において、キャッシュフローを「営業活動」「投資活動」「財務活動」の3つの区分に分けて表示することによって、企業における資金管理がどの程度うまくいっているのかを推測できるようになります。

① 営業活動によるキャッシュフロー

　営業活動によるキャッシュフローは、企業が本業とする営業活動からどのぐらいの資金を獲得したか（あるいは失ったか）を表しています。

　営業活動によるキャッシュフローが大きいほど、その企業の営業活動は順調であることを示しています。逆に、このキャッシュフローが多額のマイナスであれば、営業活動による資金繰りが行き詰まっていることを示しています。

　多額のマイナスが1会計期間で終われば、入出金のタイミングによるものでありそれほど問題ではないのですが、連続して多額のマイナスを計上しているようなケースでは、営業活動自体がうまくいっていない状況であるといえます。

　営業活動によるキャッシュフローは、売上代金の回収や減価償却費の計上などにより増加します。ここで、「売上代金の回収で増えるのはわかるけれども、なぜ減価償却費の計上が増加要因になるのだろう？」という疑問が生じます。

　営業活動のキャッシュフローは、企業の税引前当期純利益からスタートします。減価償却費は計算によって求められた会計上の費用であり、資金の支払いを伴いません。減価償却費の計上によって税引前当期純利益の額は少なくなりますが、資金が流出していないため、当期純利益に減価償却費を加えることでキャッシュフローの額を算定しているのです。

　一方、仕入代金や給料、経費などを支払うと、営業活動によるキャッシュフローは減少します。税引前当期純利益は、収益からこれらの費用を控除して算定されていますので、費用の支払額はキャッシュフロー計算書において特に調整しません。ただし未払

費用の残高の増減額は、買掛金の増減額と同じように調整します。

② 投資活動によるキャッシュフロー

　投資活動によるキャッシュフローは、企業が将来の収益を獲得するために行った投資活動や余剰資金の運用に伴う資金の増減を表しています。

　設備投資や研究開発事業への資金の支出、有価証券の購入などにより、投資活動によるキャッシュフローは減少します。逆に、固定資産や有価証券を売却すれば、売却代金が入金されますからキャッシュフローは増加します。

　このため投資活動によるキャッシュフローがマイナスであれば、その企業は積極的な投資活動を行っていることを意味します。逆に、プラスであれば手持ちの資産の売却により換金化していることが読み取れます。

　この区分を見ると、将来に向けて企業が実行している投資戦略の概要がわかるようになります。

③ 財務活動によるキャッシュフロー

　財務活動によるキャッシュフローは、営業活動や投資活動のために資金がどのように調達されたか、あるいは返済されたかを示しています。

　たとえば、株式などの発行や銀行借入をした場合はキャッシュフローは増加し、借入金の返済などにより減少することになります。

豆知識

同じお金でも……

　企業にとって同じ100万円でも、本業の儲けにより獲得したのか、金融機関から借り入れたのか、大事な資産を売却して得たのかで、その意味合いがまったく異なってきます。

　キャッシュフロー計算書は、お金が一体どのような手段により獲得され、どこに投下（あるいは費消）されたのかというストーリーを示すために作成されています。

　本業で順調にお金を獲得し、将来性のある分野に投資し続けることが一番の理想ですが、そのためには手間とコストがかかります。そのため、企業は借入れや資産売却などによっても資金調達をしているのです。

企業のライフサイクルに応じた資金需要の変化

　企業はライフサイクルに応じて、創業期→成長期→安定期→成熟期→衰退期→転換期……といった段階を進みます。

　創業期から成長期にかけては、新規事業への投資が活発化するために、企業の資金需要は強まります。この段階の企業は資金調達に励みますので、財務活動によるキャッシュフローは大きなプラスとなります。

　一方、安定期から成熟期に進むと、本業で稼いだ資金が多く貯まります。その資金で借入金の返済を積極的に進めると、財務活動によるキャッシュフローはマイナスとなります。これは、財務体質のスリム化を図っているといえますが、新規事業の開拓がう

まく進んでいないと考えることもできます。

　成熟期から衰退期の段階になると、本業が不振となるために、企業は資金繰りが苦しくなります。この場合も借入金残高は増える傾向にあり、財務活動によるキャッシュフローはプラスとなります。

　企業が借入金などを増やしている場合、将来の事業拡大に向けた設備投資などのためなのか、それとも本業が不振で資金繰りが悪化したためなのかを慎重に判断する必要がありそうです。なぜなら、企業が資金を必要とする理由は、企業の置かれている経営環境によってまったく異なるからです。

3つの区分の関係とは？

　キャッシュフロー計算書から、企業のお金にまつわるストーリーを読み取ることができます。その際にカギとなるのが、営業活動によるキャッシュフロー、投資活動によるキャッシュフロー、そして財務活動によるキャッシュフローの3区分のプラス・マイナス（±）の関係です。

　ここでは3区分の具体的なプラス・マイナス（±）の組み合わせごとの企業の資金繰りの状況を明らかにしています。この関係を理解することがまさに、キャッシュフロー計算書の肝といえます。

　はじめに、営業活動によるキャッシュフローのプラス・マイナス（±）に着目しましょう。営業活動によるキャッシュフローが多いほど、本業からの稼ぎが大きいことになりますので望ましい状態といえます。また、投資活動によるキャッシュフローが多いのは、その企業が積極的な投資を行っていることを意味します。

しかし、もし「営業活動によるキャッシュフロー＜投資活動によるキャッシュフロー」となっている場合には、本業の稼ぎだけでは投資活動を賄いきれないために、金融機関からの借入などにより資金を調達する必要が生じます。このとき、財務活動によるキャッシュフローもプラスとなっているはずです。

図表8は、キャッシュフローの各区分（A〜H）における企業の状況について説明したものです。企業のライフサイクルに応じてキャッシュフローの状況も変わってくることが読み取れるのではないでしょうか。

図表8　キャッシュフローの区分の状況による企業のタイプ

キャッシュフローの区分	A	B	C	D	E	F	G	H
営業活動	−	+	+	+	+	−	−	−
投資活動	−	−	−	+	+	−	+	+
財務活動	+	+	−	−	+	−	−	+
企業のライフサイクル	創業期 →→→→→→→→→→→→→→→→ 衰退期							

キャッシュフローの区分の状況による企業の状態

A　本業から資金を稼げない状況で、資金調達しながら投資を行っている。資金繰り的には苦しい。

B　本業で資金を稼ぐ一方、資金調達も行い、投資を積極的に行っている。

C　本業で稼いだ資金で投資活動を行うと同時に、借入金などの返済も進めている。

D　本業で稼いだ資金で借入金などの返済を進めると同時に、投資も抑制している。

E　本業で資金を稼いでいるが、それだけでは財源が足りず、投資を抑制しながら借入金などを増やしている。

F 本業から資金を稼いでいないが、豊富な余剰資金で投資活動を行うと同時に、借入金なども返済している。

G 本業からの資金を稼げないため、投資を控えると同時に借入金などの圧縮を進めている。

H 本業から資金を稼げないため、運転資金を賄えず、借入金などを増やすと同時に、保有資産を積極的に換金している。資金繰りが一番苦しい。

豆知識

黒字倒産を防ぐために

　企業は損益計算書上、利益を計上していても手元資金が不足して資金繰りが行き詰まると経営が破綻してしまいます。これがいわゆる「黒字倒産」です。

　計上した利益に対し、入金という資金の裏付けがあってはじめて企業の経営は安定します。損益計算書上、毎期連続して利益を計上していても、キャッシュフロー計算書で「営業活動によるキャッシュフロー」が連続してプラスとなっていなければ、その利益は実態を伴っていない可能性があります。黒字倒産を防ぐためには、このような状況に直面する前に、早めに資金を確保する必要があります。

　損益計算書は、経営者の見積りの内容によって損益の額が大きく動きます。しかし、キャッシュフロー計算書は、企業の資金の期首残高と期末残高の差額を、その原因となる活動区分ごとに分類して表示しています。つまり、見積りによって資金の差額を操作することは不可能ですから、キャッシュフロー計算書は企業の

お金の出入りの状況を正しく表しているといえます。

　経営成績を表す損益計算書、財政状態を表す貸借対照表と並び、お金の流れを表すキャッシュフロー計算書も、企業経営には極めて重要なものなのです。

5
資金繰り表

　キャッシュフロー計算書の作成が義務付けられている会社は上場企業等に限られていますが、「資金繰り表」は規模の小さな企業でも作成しています。それは、資金繰り表を作成していないと、資金繰りがうまく管理できなくなるからです。ここでは、資金繰り表の仕組みについて、簡単に紹介します。

▌資金繰り表の仕組み

　「資金繰り表」とは、将来の一定期間における「現金の入金および出金の額」を予想し、見積った表のことです。まず、以下の例を見てください。

> 例1）商品を仕入・販売しているA社は、商品を販売すると、当月末で締め切って先方へ請求書を郵送します。販売代金は翌月末までに振り込むように得意先に依頼しています。一方、商品を仕入れたときは翌々月の10日までに仕入代金を先方へ支払うことになっています。
> 　A社は10月5日に税込単価100円の商品を100個仕入れて、10日後の10月15日に税込単価150円で50個販売しました。

図表9　A社の月次損益計算書と月次資金繰り表

月次損益計算書	（10月）
売上高	7,500円
仕入高	10,000円
売上総利益	△2,500円

月次資金繰り表	（10月）
前月繰越残高	1,000円
入金額	0円
出金額	0円
次月繰越残高	1,000円

月次損益計算書	（11月）
なし	

月次資金繰り表	（11月）
前月繰越残高	1,000円
入金額（売掛金回収）	7,500円
出金額	0円
次月繰越残高	8,500円

月次損益計算書	（12月）
なし	

月次資金繰り表	（12月）
前月繰越残高	8,500円
入金額	0円
出金額（買掛金支払）	△10,000円
次月繰越残高	△1,500円

　図表9は10月から12月にかけてのA社の月次損益計算書と月次資金繰り表です。月次損益計算書は実現主義および発生主義、月次資金繰り表は現金主義で記載されています。

　月次損益計算書では、10月の売上高7,500円（＝150円×50個）、仕入高10,000円（＝100円×100個）と記載され、売上総利益は△2,500円となります。しかし、10月は販売代金の回収も仕入代金の支払いもないため、10月の「資金繰り表」の入金額・出金額の欄には何も記載されません。

　11月の「資金繰り表」の「入金」欄には「売掛金回収」として7,500

円が記載されます。一方、仕入代金は、翌々月である12月の「資金繰り表」の出金欄に、「買掛金支払」として△10,000円が記載されることになります。

ポイントは、商品の仕入・販売取引において会計上の売上高・仕入高を計上する時期と、資金繰り表に入金額・出金額を記載する時期がずれていることです。これは損益計算書が「実現主義」および「発生主義」によって、収益と費用、損益の額を計上するのに対し、資金繰り表は、資金の回収・支払いの予想時期にそれぞれ入金額・出金額を記載するためです。

ここで、12月の資金繰り表の次月繰越残高が△1,500円となっていることに注目してください。これは、このままの状態が続けば、12月10日の買掛金支払いの時点でA社は資金が足りなくなる（＝資金ショートとなる）ことを意味します。ですが、A社が在庫として持っている50個の商品のうち10個以上を10月末までに販売すれば、資金ショートは解消されます（10月の販売代金は11月末までに回収できるため）。

このように「資金繰り表」を作成すると、今後いつの時点で資金が足りなくなるかを予想でき、資金ショートを防ぐための対策を事前に実施することができるようになります。それこそが資金繰り表を作成する最大の目的といえます。

資金繰り表の様式について

「有価証券報告書」や上場企業の決算発表の内容をまとめた書類である「決算短信」において開示されるキャッシュフロー計算書は、その様式や作成方法、作成時期などが厳格に決められています。それは、公表された各企業のキャッシュフロー計算書を、投資家

などが自由に比較したり分析したりできるようにするためです。
　一方、資金繰り表は企業がそれぞれ自らの資金繰りを管理するために作成するものですから、特に決められた様式はありません。ここでは、一例として図表10に月次資金繰り表の様式を紹介します。
　この例では、2月末繰越金額と入金額の合計325,000円に対し、332,000円の出金額があったため、資金ショートを起こさないように30,000円の借入をしたことが読み取れます。

図表10　月次資金繰り表の様式

項　目			金額（円）
2月末繰越金額（A）			25,000
入金額	現金売上		0
	売掛金の回収		300,000
	その他の入金		0
	計（B）		300,000
出金額	仕入等	現金仕入	50,000
		買掛金現金支払	200,000
	経費	給与等	80,000
		支払利息・割引料	2,000
		その他の出金	0
	仕入等、経費以外の出金		0
	計（C）		332,000
差引計（D＝A＋B－C）			△7,000
財　務	借入金の増加（E）		30,000
	借入金の返済（F）		0
	計（G＝E－F）		30,000
3月末繰越残高（H＝D＋G）			23,000

資金繰り表は通常、月次単位で作成されます。しかし資金繰りがひっ迫している企業において月次単位で資金繰りを管理していると、月中のある日、突然に資金ショートを起こしてしまう危険性があります。このような場合は、図表11のような日次単位で現預金の保有残高がわかる「日繰り表」を作成します。

図表11 日繰り表の様式

日付	金額（円）				繰越残高
	入金額		出金額		
	項目	金額	項目	金額	
					8,000
3月1日	売掛金の回収	10,000	水道光熱費	5,000	13,000
3月2日			買掛金支払	7,000	6,000
…	…		…		…
3月31日					

> 豆知識

日繰り表だけに頼るのは危険！

資金繰りがひっ迫しているからといって、日繰り表だけ作成するのは得策とはいえません。日繰り表のスパンは最長1カ月なので、今後の「現預金」の動きを予想するには期間が短すぎるからです。概ね2〜3カ月先までの月次資金繰り表と日繰り表の両方を作ることが、資金ショートを防ぐうえで有効といえます。

第 5 章

管理会計

公認会計士・税理士　服部夕紀

この章のポイント

　第5章では、なかなか馴染みにくい「管理会計」に焦点を当てます。この章は難解ですので、難しく感じたら後回しにしてもよいでしょう。
　「管理会計」は「財務会計」と異なり、会計データが企業の外部に公表されません。「管理会計」の実態はベールに包まれているのです。
　この章で理解してほしいポイントは次の5つです。

　① 管理会計のイメージを掴む
　② 管理会計と財務会計の違い
　③ 管理会計のツール
　④ 損益分岐点分析
　⑤ 投資の意思決定

　経営において重要な選択を迫られたとき、各選択肢を実行した場合にそれぞれどんな結果が生じるのかを、管理会計を活用することで予測できます。なぜなら、管理会計は企業が複数の経営戦略の中から1つを選択したと仮定した場合における、将来の一定期間において得られるキャッシュフローや利益の額などを見積る手段だからです。
　この章では、ビジネスにおける管理会計の具体的な活用方法を紹介します。管理会計を理解できれば、費用を「変動費」と「固定費」に分けることで、売上高と費用の額が等しくなる採算ラインの売上高を算定できるようになります。そして、この売上高を

引き下げることに成功すれば、利益率は上がります。そうすると、今まで「かたまり」でしか見えなかった事業の損益の構造が、管理会計を通して「見える化」できるようになるでしょう。

　多くのビジネスパーソンが管理会計を苦手としているだけに、管理会計を使いこなせるようになれば、その可能性が大きく広がるはずです。

1
管理会計とは何か?

「管理会計」とは、経営者や管理者などが業績評価や経営判断の材料とする会計情報を作成するための会計制度です。

通常、管理会計は企業内部で活用されており、その内容が外部に公表されることはありません。そのため、企業それぞれの独自の視点や考え方などによってノウハウや様式が作られています。

管理会計の定義

経理担当者でない読者にとって、「会計」という概念は馴染みにくいと思います。そのうえ「管理会計」となると、もう「ちんぷんかんぷん」の世界かもしれません。それもそのはず、管理会計のデータは、財務会計と違って、企業の外部に開示されることはないからです。

「管理会計」とは、経営者や企業の部門責任者などが経営判断を下すために必要な会計情報を、担当者が作成するためのツールやプロセスのことをいいます。管理会計をうまく活用すると、経営上の意思決定や業績測定・業績評価を適切に行ううえで役立つ情報を得られるようになります。

各企業の管理会計の担当者がどのようにして、「情報」を集計・分析しているかは千差万別です。なぜなら、経営者がどのような会計情報を見たいかによって、管理会計のあり方が大きく変わってくるからです。それだけに、経営者が本当に知りたい情報を提供するにはどんな会計情報を組み合わせればいいのか、管理会計

の担当者に工夫が求められます。

このように企業それぞれの独自の視点や考え方などによって管理会計のノウハウは積み上げられ、工夫された様式が使用されているのです。

管理会計を活用するメリットは？

管理会計を活用するメリットはたくさんあります。一例をあげるならば、部門別損益計算書を適時に作成すれば、企業の各部署がそれぞれどれだけの付加価値を生み出している（あるいは損失を計上している）のかが見えてくるようになるでしょう。

ヒト、モノ、カネといった経営資源は限られています。したがって、どの分野に集中させるかは経営戦略の大事なテーマです。これを判断するための材料の一つとして、管理会計によって得られる情報があります。

たとえば、ある家電メーカーM社では、洗濯機、アイロン、掃除機の3つの商品を製造・販売しているとします。それではM社では、この3つの商品のうち何をどれだけ製造し販売するかをどのように決定しているのでしょうか？

ここで活躍するのが、商品別の損益計算書です。洗濯機、アイロン、掃除機ごとに、売上高、売上原価、販売費及び一般管理費、営業外損益、特別損益を算定します。すると、販売金額の大きい商品や利益率の高い商品、赤字となっている商品等がわかります。また販売市場におけるM社製品のシェアを算定すれば、各製品の市場全体の規模や自社製品のライフサイクル等を判断する手がかりも得られます。

さらに、競合他社が画期的なアイロンを発売したために、M

社のアイロンのシェアが低下しているとします。しかし洗濯機はM社製の静かな音で洗濯できる新商品の評判が高く、売れ行きが良いことが判明したとします。

この場合、アイロンの製造・販売事業に使っていた予算の一部を洗濯機に回し、洗濯機の製造・販売数量を増やすといった意思決定をすると、よりM社の売上高や利益額の増加につながります。

新商品の人気が高いうちにきちんと売上高を増やすには、適時に意思決定をする必要があります。ここで管理会計が大きな武器となるのです。

企業戦略における管理会計の役割

前述したM社の例のように、管理会計を適切に活用して意思決定に必要な会計情報をきちんと把握できれば、企業は適切なタイミングで有効な経営戦略を実行できます。このように管理会計の活用方法は戦略と深く結びついているため、管理会計の内容は企業にとって重要な機密情報となります。

管理会計の考え方の枠組みや一般的なツールについては広く知れ渡っていますが、管理会計の手法をいかに取捨選択して自社の事業に適応させるかが、各企業のノウハウといえます。

管理会計を戦略的に使いこなす企業は、それだけ適切なタイミングで的確な経営判断を行うことが可能となります。その結果、業務効率の向上やビジネスチャンスの獲得につながるのです。

! 豆知識

管理会計を学ぶメリットは？

　営業に携わる読者が管理会計を学ぶメリットはどこにあるのでしょうか。

　管理会計にどんなツールがあるのかを把握しておくと、経営判断に役立つ参考データの収集を上司から求められたとき、どのような会計データを集めればいいのか、おおよその見当がつくようになります。

　あるいは、顧客に車や設備の新規購入・更新等を提案営業する際にも、購入・更新した場合と現状のままの場合を比較して、将来のキャッシュフローがどのように異なるのかを数値で説明できるようになります。

　管理会計は定型化されていないために理解が難しいという声をよく聞きますが、提案営業の強力な武器とするためにも、ぜひ管理会計にチャレンジしてみてください。

2
財務会計と管理会計の違い

　同じ会計でも、財務会計と管理会計は大きく異なります。ただでさえ「会計」は馴染みがないのに、財務会計と管理会計の2つの会計が登場するので、どうしてもその違いがわかりにくくなるのではないでしょうか。

　2つの会計は作成目的が異なります。財務会計は企業外部の利害関係者に対して客観的な情報を開示することを目的としています。一方、管理会計は、経営者や管理者がより的確な経営判断をするために、担当者が参考資料となる会計データを編集・作成して経営者等に提供することを目的としています。

財務会計の特徴

　財務会計は、株主や債権者、金融機関や投資家等、企業外部の利害関係者に対して客観的な情報を開示することを主な目的として、過去の業績や財政状態等のデータを集計し、報告したものです。

　企業外部の利害関係者は、公表された財務諸表等をさまざまな角度から分析して、企業の収益性や将来性、財政状態等を評価します。このため各社の財務諸表は、比較可能性を持たせるために同じルール・同じ様式に則って作成される必要があります。

管理会計の特徴

　管理会計は、経営者等が業績評価や経営判断に活用することを目的とした会計プロセスです。そのため、作成や開示方法につい

ての細かな法律やルール等はありません。むしろ各企業のノウハウや経営課題、マネジメントの目的にふさわしい形式で作成されるという特徴があります。

また、管理会計では過去のデータに限らず、将来の予測データをも扱った今後の計画作成が中心となるところも、財務会計と異なります。財務会計と管理会計とでは、主に図表12のような違いがあります。

図表12 財務会計と管理会計の違い

項目	財務会計	管理会計
情報の開示先	企業外部の利害関係者	企業内部の経営者・管理者
作成方法・様式	会計基準や法律により規定	各企業が自由に設定
会計監査	法定の会計監査の対象となる	会計監査の対象外
扱うデータ	過去の業績および財政状態を集計し報告する	過去データだけでなく今後の予測データも扱う

3
管理会計のツール

それでは、管理会計は具体的にどのように活用されるのでしょうか?

たとえば、新たに設備投資をするか、既存の設備を使い続けるかといったような選択肢に直面したときに主に活用されます。このようなときに、どちらが有利であるかを数値で見積ることができれば、適切な意思決定をすることが可能となるでしょう。

管理会計をうまく使えば、このような数値の見積りデータを入手することができるのです。なお、数値の見積り期間が短期か中長期かで、用いるツールが変わってきます。

管理会計のツールについて

複数の選択肢に直面して、何を選べばいいのかわからず悩む……。誰しも、そんな場面に遭遇したことがあるのではないでしょうか。たとえば、職業や就職先の選択もそうですし、どこに住むか、家を購入するか借り続けるかといったことでも、迷い始めるときりがありません。このような人生の大事な局面をどう乗り切るかは、生きるうえで大切なテーマです。

企業も同じように経営上、重要な選択を迫られることがあります。たとえば、設備投資をするか、新たな事業を始めるか、既存の赤字事業から撤退するか等です。このようなとき、それぞれを選択した場合にどのような結果を得られるのかがわかれば、意思決定はずっと簡単になります。

管理会計とはまさしく、そのような機能を提供してくれるツールです。しかし占いと違って、当たるも八卦、当たらぬも八卦というものではありません。

管理会計は、企業が経営上の複数の戦略の中から1つを選択したと仮定した場合の、将来の一定期間において得られるキャッシュフローや利益の額等を見積もるために活用されるのです。

ただし、将来の一定期間が短期（1年以内）か中長期（1年超）かで、使われるツールが異なります。これは費用のうち「固定費（後から登場します）」を変更できる期間（スパン）かどうかで、企業の採りうる選択肢の範囲が変わってくるからです。計画のスパンと用いられるツールの対応関係は図表13に示す通りです。

図表13　計画のスパンと用いられるツールの対応関係

計画のスパン	短期（1年以内）	中長期（1年超）
ツールの例	損益分岐点分析（CVP分析） 業績評価	設備投資の意思決定 事業投資の意思決定

短期計画で用いられるツール

短期計画においては、「損益分岐点分析」と「業績評価」がよく用いられます。このうち「損益分岐点分析」はCVP分析とも呼ばれ、売上高と費用の額が等しくなる、つまり利益の額がゼロとなる売上高を算定する手法です。

この分析ツールを使うと、ある一定のコスト構造において「売上高が変化すると利益の額がどのように変化するのか」が見えてきます。売上高や費用の額の目標値等を適切に定めるのに非常に有効です。

詳しくは5.4節「損益分岐点分析」で説明しますので、ここでは「そんなものか」と受け止めてください。

「業績評価」とは、部門別あるいは管理者別に売上高、売上原価、経費、利益といった業績を測定して、あらかじめ設定してあった予算値や目標値とどのぐらい乖離しているのかを把握する手法です。もし、予算額と実績が大きく乖離しているようであれば、その原因を分析して明確にすることで、次の効果的な対応策を考えることができます。

中長期計画で用いられるツール

中長期の計画で使われるツールとして代表的なものは「設備投資の意思決定」です。

「設備投資の意思決定」とは、製造や販売設備、車両といった固定資産の新設・更新・取り替え・廃棄などに関する意思決定のことを指します。ここでは、設備投資の意思決定を製造活動や販売活動の一環として見なすのではなく、個々の投資そのものの良し悪しを評価していきます。

たとえば、個人タクシー業を営むAさんが今後もタクシー業を続けるとして、「新車に買い換えるべきか否か」を検討するケースを考えてみましょう。このときに有効なのが管理会計における設備投資の分析ツールです。今後5年間、現在の車に乗り続けた場合と新車へ買い換えた場合の将来キャッシュフローの額を算定し、どちらが有利なのかを判断します（この答えは5.5節「設備投資の意思決定」をご覧ください）。

誰にとっても、将来は予測不可能な部分があり、意思決定の水準が大きくなるほど不安になります。しかし、管理会計をうまく

活用すると、参考となる判断材料を手に入れることができます。

今後、ビジネスにおいて何か不確実な意思決定をしなければならないとき、管理会計のツールの活用方法を検討する習慣が身につけば大きな武器となることでしょう。

> **豆知識**
>
> **管理会計が使える場面とは？**
>
> 管理会計は財務会計と異なり、「未来志向」であると言われますが、会計データに基づいているという点では財務会計と同じです。
>
> 財務会計の会計データを、管理会計の目的に応じて細分化、組み替えし、一部加工するなどして必要なデータを得るというのが、管理会計の本質です。そのため、会計データを判断材料に使える局面では、管理会計のツールを探す価値がありそうです。

4
損益分岐点分析

　ここでは、短期計画の代表的な分析ツールである損益分岐点分析（CVP分析）を採り上げ、損益分岐点分析を行ううえで前提となる、費用を変動費と固定費に分ける考え方を紹介します。この考え方を理解すると、費用の発生額を戦略的に管理することができるようになります。

損益分岐点分析とは

　「損益分岐点」とは、売上高＝費用となる「採算ライン」を算定する分析手法のことで、このときの売上高を「損益分岐点（Break-even-Point）」と言います。

　一般的に事業というものは、立ち上げの期間は売上よりも費用が先行して発生するために非常に苦労するものの、売上高が損益分岐点を超えてしまえば、その後は順調に利益が増えていく傾向にあります。「事業が軌道にのる」という言い回しを耳にしたことがあるかもしれませんが、これは売上高が損益分岐点を上回り利益が増えていくことを意味しています。

　損益分岐点分析では、売上高だけでなく、費用の発生額も管理することによって、利益の額（＝売上高－費用）をコントロールすることを目指しています。この分析を行うために、次に説明する費用を変動費と固定費に分ける考え方を理解しましょう。

変動費と固定費

企業活動を行ううえで発生する費用の額は、変動費と固定費に分類することができます。財務会計では費用の額を変動費と固定費に分類することはありませんが、管理会計では「これから発生する費用の額」を有効に管理するために、費用の種類及び性質に応じて変動費と固定費に分けています。

① 変動費
売上高や販売数量の大小に応じて増減する費用のことです。たとえば、材料費、保管費、水道光熱費、勤務時間を変更できるアルバイトの人件費等があげられます。

② 固定費
売上高や販売数量の大小にかかわらず、固定的に発生する費用のことです。たとえば、地代家賃、正社員等の固定給、減価償却費、支払利息等があげられます。

なお、売上高から変動費を控除した金額を「限界利益」と呼びます。「限界利益」は商品を現在から追加して1個販売したときに得られる利益のことを意味します。

損益分岐点売上高とは

「損益分岐点売上高」とは、売上高と費用の額が等しくなる売上高のことです。損益分岐点売上高を式で表すと次のようになります。

　　損益分岐点売上高＝変動費＋固定費

上式を以下のように変形すると、損益分岐点売上高を求めることができます。なお、式の途中で得られる「変動費／損益分岐点売上高」のことを「変動比率」といいます。売上高に占める変動費の割合のことです。

　損益分岐点売上高－変動費＝固定費
　損益分岐点売上高（1－変動費／損益分岐点売上高）＝固定費
　　　　　　　　　　　　　　　↑
　　　　　　　　　　　　　「変動費率」

$$損益分岐点売上高 = \frac{固定費}{1 - 変動費率}$$

　この式により、固定費が増加すれば損益分岐点売上高も大きくなり、変動費率（＝売上高に占める変動費の割合）が大きくなれば、分母が小さくなることから、やはり損益分岐点売上高も大きくなることが読み取れます。
　この関係は、図表14に示すグラフのようになります。

図表14　損益分岐点分析のグラフ

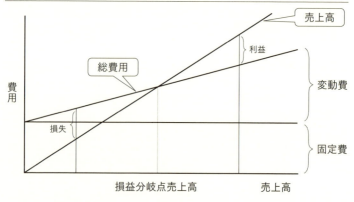

損益分岐点売上高の意味

損益分岐点分析のグラフを見ると、売上高が損益分岐点売上高を下回るときには損失が発生し、上回るときには利益が生じていることが見てとれます。

そのため、損益分岐点売上高が低ければ、それだけ少ない売上高でも利益を出すことができるようになります。このグラフを見れば、いかに損益分岐点売上高を引き下げられるかが、利益を計上するために重要なカギとなることが一目で理解できます。

損益分岐点売上高を引き下げる方法とは？

損益分岐点売上高を引き下げるには、大きく分けて「費用からアプローチする方法」と「売上高を増やす方法」の2つがあります。

① 費用からアプローチする方法

一番手っ取り早いのは、変動費を引き下げることです。たとえば、材料費を見直したり、保管費用の少なくなる方法を考えたりするといった手段です。

固定費を削減する方法も有効です。ただし、固定費の額は売上高に応じて変動しないので、契約の相手方（地代家賃であれば大家さん等）と交渉して、支払額を引き下げる必要があります。変動費に比べると、削減するまでに時間と手間がかかります。

② 売上高を増やす方法

販売数量を増加させると、その分だけ利益の額は高くなります。また、販売単価を引き上げることに成功できれば、販売数量が増

えなくても、利益の額が増えるため、損益分岐点売上高は小さくなります。

　しかし、費用からアプローチする方法に比べて、販売数量の増加や販売価格の上昇は顧客の同意が必要となります。したがって、費用の削減に比べてより精緻な販売戦略が必要となります。

5
設備投資の意思決定

　長期計画における管理会計の代表的なツールとして、「設備投資の意思決定」があります。「設備投資の意思決定」は、企業活動に限らずプライベートな場面、たとえば車や住宅等の購入の選択においても使える、非常に応用範囲の広いツールです。

　5.3節「管理会計のツール」における「中長期計画で用いられるツール」で取り上げた個人タクシー業のAさんのケース「個人タクシー業Aさんは新車に買い換えるべきか」を、ここで詳しく見ていきましょう。

> 　Aさんは個人タクシー業を始めて今年で8年となります。タクシー車の走行距離は30万kmを超えており、新車に比べて燃費が悪く、ガソリン代が余計にかかります。現在の年間のガソリン価格は約58万円です。また、エンジンやミッション等の修理代もかさみ、最近は毎年約10万円ずつ支払っています。
> 　タクシー車を新車に買い換えると、購入費用として諸経費込みで250万円ほどかかります。一方で、車の燃費は現在の車に比べて向上するため、ガソリン代は半分に減ります。エンジンやミッション等の修理代も今後5年間は発生しなさそうです。また、現在乗っている車は20万円で下取りしてもらえることになりました。さて、Aさんは新車に買い換えるべきでしょうか？

設備投資の意思決定を行う際には、それぞれの場合における一定期間の将来キャッシュフローの額を見積り、その大小を比較します。この際、時の経過によって変化する貨幣の時間価値も考慮します。

　たとえば、今手元にある10万円と5年後に得られる10万円とを比較した場合、今ある10万円の価値のほうが高いと判断します。それは、その10万円を5年間定期預金に預ければ、その分だけ預金利息を得られるからです。

　ただしここでは、考え方のエッセンスを紹介するために、貨幣の時間価値を考慮しないこととします。

　Aさんがこのまま車を乗り続けた場合、新車に買い換えた場合、それぞれの今後5年間の将来キャッシュフロー（支出額）は図表15～16の通りです。

図表15　このまま車を乗り続けた場合

(単位：万円)

	ガソリン代	修理代	車の購入費	下取り価格	合計額
1年目	58	10	0	0	68
2年目	58	10	0	0	68
3年目	58	10	0	0	68
4年目	58	10	0	0	68
5年目	58	10	0	0	68
合計額	290	50	0	0	340

図表16　新車に買い換えた場合

(単位：万円)

	ガソリン代	修理代	車の購入費	下取り価格	合計額
1年目	29	0	250	△20	259
2年目	29	0	0	0	29
3年目	29	0	0	0	29
4年目	29	0	0	0	29
5年目	29	0	0	0	29
合計額	145	0	250	△20	375

　今後5年間の将来キャッシュフローを比較すると、このまま車に乗り続けた場合の支出額は340万円、新車に買い換えた場合の支出額は375万円となりました。

　もし、Ａさんが今後5年以内に個人タクシー業を廃業するのならば、現在の車に乗り続けたほうがよさそうです。しかし、2年目以降の年間のキャッシュフロー（支出額）は、新車に買い換えた場合のほうが、現在の車に乗り続けるのに比べて39万円も少なくなります。

　また、5年後の車の下取り価格は、現在の車に比べて、今回購入する新車のほうが高くなるでしょう。となると、5年以上営業を続けることがほぼ確実であるなら、新車に買い換えたほうが有利ではないか、という判断が働くことになります。

　このように、設備投資の意思決定では、前提条件をどのように設定するかで、判断結果が異なる可能性が高くなります。むしろ、設備投資の意思決定に管理会計を活用する目的は、どのような前

提条件が揃えば有利な形で設備投資ができるのかを具体的に探り当てることだといえそうです。

> **!** 豆知識

前提条件の設定には財務会計を活用しよう！

設備投資の意思決定に対しては、前提条件の設定のあり方が大きな影響を及ぼすと紹介しました。しかし、前提条件を恣意的に決めた場合、意思決定の判定結果が実態とは正反対になるケースもありえます。

そこで登場するのが財務会計のデータです。財務会計のデータは過去の実績値に基づいていますから、過去に同じような設備投資をした例があれば、設備投資の前後でどんな損益項目が大きく動いたかをチェックできます。

設備投資の意思決定において前提条件をリストアップする際には、ぜひ過去の財務会計のデータと照らし合わせてみてください。

第6章 税務

税理士 小川克則

この章のポイント *point*

　第6章は税についてまとめました。税と会計は一見つながりの薄いものに感じるかもしれませんが、そんなことはありません。税と一口に言ってもその種類はさまざまです。
　この章で理解してほしいポイントは次の6つです。

　①　会計から税金計算への流れ
　②　法人に対する課税
　③　個人に対する課税
　④　個人に対する課税の個別論点
　⑤　相続税と贈与税の補完関係
　⑥　資産の購入と消費税

　税務と一口に言っても、会計と同じくらい幅広いものです。今回は1つの章に税務について盛り込んでありますので、あくまで概要のみですが、本書の読者に必要と思われる、個人が資産を購入した場合の税務については少し踏み込んで記しました。この知識を活かして、日々の業務に役立ていただきたいと思います。

1
会計の利益と法人税の所得

　企業の損益計算書で計算された利益を基に計算されるのが「法人税」です。会計と税金は密接な関係にありますが、企業会計と税務では、目的の違いから取り扱いの異なるものがあります。会計で計算される利益から、税務で求められる所得への調整が必要なのです。

■ 企業会計と税務会計

　最初に会計と税務の違いについて見ていきましょう。法人税は損益計算書で求めた利益を基に計算されますが、あくまでも利益は基準にするだけで、実際の算出ではこの利益に微調整を加えます。これは、会計と税務の目的に違いがあるからです。
　儲けを計算するという意味では、会計と税務は同じですが、その目的の違いにより、求められた儲けにズレが生じるのです。

① 企業会計の目的

　企業会計原則に従い、適正な期間損益計算を行うことにより事業年度の儲けを計算し、株主などの投資家へ正しい経営成績を報告することです。この場合の企業の儲けを「利益」と呼びます。

　　収益－費用＝利益（会計上の儲け）

② 税務会計の目的

　儲けを計算し、その儲けを税金計算の対象として、事業年度の

税金を計算することです。つまり、税法上の基準に従って税額を正しく計算し、公平な課税の実現を目的にしているのです。この場合の企業の儲けを「所得」と呼びます。

　益金－損金＝所得（税務上の儲け）

利益と所得の関係

　企業会計では、収益から費用を差し引いて利益を計算します。税務会計でも同じように、益金から損金を差し引いて所得を計算します。

　本来、この収益と益金、費用と損金が同じであれば問題はありませんが、上述したように、目的の違いにより、会計と税務は似て非なるものになっています。ここでは、費用と損金の違いを例に説明しましょう。

　A企業が必要に応じて得意先のB企業を接待したとします。その接待がA企業にとって必要な接待であれば、当然会計上はその接待にかかる支出を接待交際費として経費処理します。

　しかし、税務上はこの接待交際費を損金として認められない場合があります。それは課税の公平、税負担の適正化、政策上の配慮など、さまざまな要因から、税金計算上除外されます。

　収益と益金についても同様です。その結果、収益≒益金、費用≒損金となり、それぞれ計算される利益と所得にズレが生じるのです。

会計と税務のズレの調整

　説明したように、税務と会計にはズレが生じています。それで

は、企業会計のルールに従って作成した貸借対照表、損益計算書から、法人税の計算はどのように行えばいいのでしょうか？

　実際には、企業会計のルールに従って求められた利益を基準とし、会計と税務のズレを調整したうえで、法人税の対象となる所得額へと導く作業をします。この作業を「申告調整」といいます。

4つの申告調整

　会計で求めた利益を税務の基準に合わせるために申告調整をしますが、この申告調整は大きく「益金算入項目」「益金不算入項目」「損金算入項目」「損金不算入項目」の4つに分けることができます。これら4つは、さらに「税金が増える効果のある調整項目」と「税金が減る効果のある調整項目」の2つに分類できます。

① 所得が増えて税金が増える効果のある調整項目
　益金算入項目：会計上は収益に該当しないが、税務上は益金に該当するもの
　損金不算入項目：会計上は費用に該当するが、税務上は損金に該当しないもの。たとえば、役員に対する賞与、交際費、法人税など

② 所得が減少して税金が減る効果のある調整項目
　益金不算入項目：会計上は収益に該当するが、税務上は益金に該当しないもの
　損金算入項目：会計上は費用に該当しないが、税務上は損金に該当するもの

申告調整は、用語としては難しいですが、税務側の視点で考えると単純です。ここで最も重要となる「損金不算入項目」とは、企業会計で求めた利益から、すでに処理をされた費用を損金から除外する処理のことです。端的にいえば、税務上の所得が増加するので、税額が高くなる調整になります。

　非常に難しく感じる申告調整ですが、会計と税務にはズレがあるため、会計上の利益を法人税の申告書で調整して所得を計算しているということだけ理解すれば十分です。

豆知識

中小企業と大企業で税額が変わる!?

　法人税法においては、大企業よりも中小企業に対して有利な特例を設けています。ここでの中小企業とは、資本金が1億円以下の企業のことを指します。法人税率の軽減、交際費の損金算入、少額減価償却資産の特例など、さまざまな部分で優遇されています。

　企業会計においては、企業の大小により処理が変わるようなことはありませんが、税務においては日本の経済、雇用を支える中小企業に対する配慮として、政策的にこういった特例が設けられています。このような特例規定によって所得の額が同じであっても、大企業と中小企業では納税額に差が生じるのです。

　このような政策的な目的で導入される法律は法人税法の規定ではなく、租税特別措置法にて期限を設けて規定されています（図表17）。

図表17　中小企業に対する特例（抜粋）

項目	中小企業	大企業
軽減税率	所得が年800万円以下の分は15%	所得全体に19%
交際費	800万円まで全額損金として処理可能	原則として損金不算入
少額減価償却資産	30万円未満の資産は全額経費処理可能	固定資産に計上して減価償却が必要

（平成28年4月現在）

2
個人課税における所得区分と総合課税

　会計の知識を用いて儲けを計算するのは企業だけではありません。当然、自営業の個人（個人事業主）であっても、法人と同じように所得を計算し、納税しなければなりません。しかし、個人の場合、その所得の発生要因によって計算方法が変わります。この所得の区分が、法人との一番の違いとなります。

▎所得区分

　「所得」とは、税法上の儲けという意味ですが、個人は非課税となるものを除き、何かしらの儲けがあれば、それはその所得の発生要因によって10種類に区分しています。それは、所得の発生要因によって担税力が異なるからです。

　担税力とは、税負担を受けることができる能力のことです。株式の配当から生じる配当所得と、勤労の対価として得られる給与所得、資産の譲渡から得られる譲渡所得などは、同じ所得であっても発生要因が異なるため、その発生要因に応じた税負担を課すものです。

① 利　子　所　得：銀行預金の利息
② 配　当　所　得：有価証券の配当など
③ 不動産所得：家賃や地代
④ 事　業　所　得：個人事業主の本業

⑤ 給 与 所 得：サラリーマンの給料
⑥ 退 職 所 得：退職金
⑦ 山 林 所 得：林業
⑧ 譲 渡 所 得：不動産や物を譲渡
⑨ 一 時 所 得：偶発的な所得
⑩ 雑　　所　得：年金、その他上記9種類に分類できないもの

各所得の概要

ここでは上記所得区分のうち特に重要性が高い「不動産所得」「事業所得」「給与所得」「退職所得」について重点的に見ていきます。「譲渡所得」は論点が盛りだくさんであるため、次節で説明します。また、重要性の低いもの、実務上あまり出てこないものについては割愛します。

① 事業所得

個人に対する所得税のうち、最も会計の知識を必要とするのが「事業所得」です。なぜならば、事業所得は法人税の個人版ともいえるくらい共通している部分が多いからです。相違点は、利益を獲得するために事業を営む事業主が、法人か個人かというだけです。

法人税と所得税の事業所得の一番の違いは、法人税の場合はメインで営む事業のほかにも不動産の売却や銀行預金の利息などすべてを合算して所得を計算するのに対し、所得税の事業所得の場合はその営む本業の儲けだけの所得を計算するという点です。

個人が事業を営んでいても、不動産を売却すれば「譲渡所得」に、銀行預金の利子は「利子所得」に区分されます。

② 不動産所得

不動産投資の結果、家賃を受け取ることにより生じる所得です。不動産所得も、不動産賃貸業を営んでいるという意味では事業所得に近いのですが、これらを分けているのは、所得税の考え方に担税力というものがあるからです。

所得税では、汗水垂らして頑張っている事業と家賃収入による事業とでは担税力が異なると考えています。そのため、事業所得とは別に区分されているのです。

③ 給与所得

いわゆるサラリーマンの給料のことです。給与所得の特徴は、必要経費の額が給与の額に応じて概算で計上されるということです。サラリーマンであっても、日々のスーツ代、自己啓発のための書籍代、残業によるタクシー代など、その給与を獲得するために費用がかかっています。

給与所得者は日本に大勢いるため、給与から実際にかかった費用を差し引き計算し税務署へ確定申告に行くことになったら、税務署では対応しきれません。

そこで、概算で一定額を給与から給与所得控除として控除して給与所得を計算して、税金も給与の支払者が年末調整をすることで、企業内で税金計算を終わらせているのです。

④ 退職所得

退職所得には「企業に長期間勤めたことによる給与の後払い」といった側面があります。この所得には一定の非課税枠があり、また低い税率を課すことで、税負担が少なくなるように配慮さ

れています。

　これは、退職所得が長年勤めあげたことによる対価であること、退職後の生活資金であることを加味し、ここから税金を徴収することが国民感情に鑑みても適当でないとの配慮がされているからです。

⚠ 豆知識

青色申告と白色申告

　個人の所得税の申告方法には、「青色申告」と「白色申告」の2種類があります。

　「青色申告」とは、事業所得、不動産所得、山林所得を生ずるべき事業を営む個人が青色申告の承認申請を受けることで、最高65万円の控除、損失の繰越し控除、青色事業専従者給与など、各種特典を受けることができ、税金計算が非常に有利になる制度のことです。

　青色申告を選択するためには青色申告の承認申請をすること、帳簿を作成し1年間に生じた所得を正しく計算することが要件となります。

　「白色申告」とは、青色申告以外の申告のことです。白色申告であれば、以前は細かな帳簿の作成は不要でした。しかし、税制改正により、白色申告であっても帳簿の作成が義務付けられたため、現在では青色申告と手間は大差がなくなっています。したがって、青色申告の承認申請をすれば、白色申告と手間は変わらずに税金を安くすることができます。

総合課税と分離課税

前述したように、個人の所得は細かく区分されています。それでは最終的に各種所得を計算した後、どのように税金を課すのでしょうか？

それは、一部の所得を除き、各所得区分ごとに計算された所得を合計し、その合計額をベースに税金計算をします。これを「総合課税」と呼びます。

これに対して退職所得や譲渡所得など一部の所得は、各種所得の区分で計算した後、その所得単体に特定の税率で計算した所得税額を納めます。これを「分離課税」と呼びます。分離課税では、特に譲渡所得が重要論点となります。そこで、譲渡所得については、6.3節「個人課税における譲渡所得」で詳しく紹介します。

総合課税と超過累進税率

総合課税により合算された所得は、所得控除後に所得に応じた税率を乗じますが、所得税には「超過累進税率」が適用されます。

「超過累進税率」とは、具体的には所得が高ければ税率も高くなるということです。最低税率が5％で、所得が上がるにつれて最大45％まで上がります。これは、租税が富の再分配を目的の一つに考えているためです。具体的な超過累進税率は図表18の通りです。

図表18 所得税の税率表

課税される所得金額	税率	控除額
195万円以下	5%	0円
195万円を超え330万円以下	10%	97,500円
330万円を超え695万円以下	20%	427,500円
695万円を超え900万円以下	23%	636,000円
900万円を超え1,800万円以下	33%	1,536,000円
1,800万円を超え4,000万円以下	40%	2,796,000円
4,000万円超	45%	4,796,000円

(H28年4月現在)

豆知識

超過累進税率に対する誤解

　所得税の税率のうち総合課税のものについては、超過累進税率が適用されます。所得税では所得金額によって税率が決まり、所得金額が増加すると税率は上がります。しかし、この税率が所得金額すべてに対して課税されると、非常に多くの人が誤解しています。

　実際には、課税額は図表18の速算表に記載された区分ごとに税率を乗じて計算します。したがって、税率表の金額を超えた部分だけが、税率が変更となります。

　たとえば、課税所得が901万円の場合には、901万円に「900万円超1,800万円以下の税率33%」を乗じた金額2,973,300円

から速算表の控除額1,536,000円を控除した1,437,300円が税額となります。

速算表で計算した税額は下記のように所得金額ごとに分けて計算した税額の合計でも計算することができます。

① 1,950,000 × 5％＝ 97,500円
② (3,300,000 − 1,950,000) × 10％＝ 135,000円
③ (6,950,000 − 3,300,000) × 20％＝ 730,000円
④ (9,000,000 − 6,950,000) × 23％＝ 471,500円
⑤ (9,010,000―9,000,000) × 33％＝ 3,300円
⑥ ①+②+③+④+⑤＝ 1,437,300円

「これ以上儲けると損をするからやめておこう」といった意見をよく耳にしますが、これは誤りで、実際には所得が増えても、低い税率が適用されている部分からの足し合わせであるため不利益は生じません。

3
個人課税における譲渡所得

　個人に対する所得税のうち「譲渡所得」、すなわち他人へ物を引き渡したことによる所得は、読者の皆さんにしっかりと理解をしてほしい所得です。課税方法も、総合課税のものと分離課税のもの、また課税されないもの等、さまざまです。

譲渡所得とは

　「譲渡所得」とは、資産の譲渡による所得のことをいいます。また、譲渡所得の対象となる資産には、土地、建物、株式、宝石、骨董、機械、特許権やゴルフ会員権などさまざまなものが含まれます。

譲渡所得の区分

　譲渡所得は譲渡した資産によって、課税方法が変わります。土地建物は分離課税、株式も分離課税、このほかにも一部分離課税のものもありますが、原則としてその他の資産の譲渡は総合課税となります。このような資産による課税方法の違いは、譲渡した資産の担税力を加味したためです。

　たとえば、相続した土地を売却したとします。先祖代々受け継いできた土地であれば、通常は購入した金額は不明か、微々たる金額になるでしょう。

　その土地を今年処分して多額の所得が出た場合、他の事業所得や給与所得と合算してしまうと、超過累進税率により税率が跳ね上がり、恐ろしい納税額になってしまいます。土地や建物の譲渡

は頻繁にあるものではないために、他の所得と分離して課税する方法をとっているのです。

譲渡所得が課税されないもの

基本的に、資産を譲渡した場合には、譲渡所得の対象となりますが、一部例外があります。

一般的なものとしては、「生活に通常必要な動産の譲渡による所得」があげられます。これは、家具、什器、事業用でない自動車など通常の生活において必要な動産と、宝石、書画、骨董、美術工芸品などのうち1個の価額が30万円以下のものが該当します。

これらの資産の譲渡は日常生活と密接な関係があり、課税することが適当ではないとの考え方から、譲渡所得は課税されません。

譲渡所得の個別論点

それでは、代表的な資産の譲渡について見ていきましょう。

① 動産の譲渡

動産を譲渡した場合には、総合課税で譲渡所得が課税されます。譲渡所得は、次の算式で求めます。

　短期譲渡所得
　＝譲渡価額－（取得費＋譲渡費用）－特別控除50万円

動産の場合、譲渡した資産の所有期間が論点となります。資産の所有期間によって、所得金額に差が出るのです。もし、長期譲渡所得に該当した場合には、上記の算式で算定される譲渡所得の金額からさらに2分の1を乗じた金額が総合課税の対象となり

ます。

　長期譲渡所得
　＝［譲渡価額−（取得費＋譲渡費用）−特別控除50万円］× 1/2

　動産の長期短期の判定は、その資産を取得したときから「売ったときまで」の所有期間が5年を超えていれば長期譲渡所得、5年以内であれば短期譲渡所得となります。動産の長短の判定は、「売ったときまで」ということがポイントです。

② 土地建物の譲渡

　土地建物を譲渡した場合には、分離課税で譲渡所得が課税されます。計算方法は総合課税の譲渡と同様に、譲渡価額から取得費などを控除して計算します。

　土地建物の場合も、長期と短期で所得計算が変わります。不動産の長期短期の判定は、その資産を取得したときから「譲渡をした年の1月1日時点」で所有期間が5年を超えていれば長期譲渡所得、5年以内であれば短期譲渡所得となります。このように、所有期間の計算に、総合課税の譲渡所得と異なる点があるので注意が必要です。

　前述したように、土地建物の譲渡にかかる所得は分離課税です。分離課税ですから、個別に譲渡所得に課税されることになります。その税率は次の通りです。

・短期譲渡所得の税率　30％
・長期譲渡所得の税率　15％

土地建物の譲渡所得は一般的に金額が大きくなりますので、短期か長期かは重要な論点となります。所有期間を間違えてしまうと影響額が大きいので、慎重な判断が必要となります。

譲渡所得のまとめ

ここで触れている譲渡所得はあくまで一部分で、このほかにも多くの論点があります。本書では最低限度、押さえてほしい部分だけを載せていますが、不動産の譲渡などは非常に高額になるため、ミスによる影響額が大きくなります。不動産取引にあたっては十分な注意が必要です。

豆知識

事業用の自動車の譲渡はどうなるの？

譲渡所得の中で自動車については、生活に通常必要な動産に該当するため、譲渡所得の計算には含まれません。それでは、事業で使用する自動車についてはどうなるのでしょうか？　事業所得で計算するのでしょうか？

答えは、「譲渡所得で計算する」です。自動車はあくまで動産のため、事業用の自動車の譲渡は総合課税の対象となり、所有期間に応じて、短期か長期かに振り分けることになります。

4
相続税と贈与税

相続税と贈与税は、会計と直接の関係はありません。しかし、保険、不動産と密接な関係にあるため、概要だけでも押さえておきましょう。

相続税と贈与税は補完関係にあり、資産の移転に対する課税を目的としています。贈与税のほうに相続税より高い税率を課することにより、相続前の資産移転に一定の歯止めをかけています。

相続税とは

相続税は、被相続人が亡くなったことによる、相続人に対する財産の移転に対して課税するものです。これは国も公平な社会の実現のために、多くの財産を持つ個人から相続税を徴収することで、富の再分配を図っています。

相続税の計算は被相続人の財産を評価して、そこから負債、非課税枠などを差し引いて計算します。なお、相続税は下記の算式で計算される金額までは非課税となります。

3,000万円 + 600万円 × 法定相続人の数

贈与税とは

贈与税とは、個人間で財産を移転した場合に課税されるものです。生前の資産移転を抑制する目的で、相続税よりも高い税率が設定されています。

贈与税は、年間の贈与額が110万円以下であれば非課税となります。

相続税と贈与税の関係

相続税は、次世代への資産の移転に対して課税します。しかし、相続財産を少しでも減らすために子へ財産を渡すという行為に対して課税されない、もしくは相続税よりも有利となると、皆財産を生前に移転してしまい、相続人に相続税を課すことができなくなってしまいます。

これを防ぐために、贈与税を設定し、かつ高い税率を定めることによって、財産の移転を未然に防いでいます。贈与税には、相続時の富の再分配を適切に遂行するために、相続税を補完する非常に大切な役割があるのです。

相続時精算課税制度

生前の贈与には高い税率が定められており、これにより被相続人の生前の贈与をある程度抑制しています。しかし、昨今の高齢化社会に伴い、高齢者の持つ財産をもっと市場に回すことを目的として「相続時精算課税制度」が誕生しました。

この制度を選択し、一定の適用要件を満たせば、財産を2,500万円まで無税で子供に移すことができます。一度で2,500万円の贈与をしなくても、複数回に分けて贈与することも可能です。そして2,500万円を超える部分については、20%の税率で贈与税が課税されます。

実際に被相続人が亡くなった場合、相続財産に事前に精算課税で贈与した財産を加えて、相続税の計算をすることになります。

その際、2,500万円を超えて贈与したときに課税された20％の贈与税は相続税から控除されます。

一見、悪いことはなさそうに見える相続時精算課税制度ですが、一度選択すると暦年贈与（年間の贈与額が110万円以下であれば非課税となる贈与）ができなくなるなどの弊害もあるため、この制度を利用するには注意が必要です。

不動産・保険と相続税の関係

① 不動産の場合

不動産が相続税と関係するのは、財産の評価についてです。現金1億円を持っている場合、評価額も当然1億円となります。しかし、1億円で不動産を購入した場合の評価額はよほどの値上がりなどがない限り、1億円よりも低く評価されます。この評価額の差額をどのように利用するかが、相続税節税のカギとなります。

② 保険の場合

保険と相続税の関係は、保険金の非課税枠についてです。死亡保険金を受け取った場合、「500万円×法定相続人の数」で計算される金額までは、保険金に相続税がかかりません。一時払いで現金を保険に変える方法など、諸々あります。

> 豆知識

不動産投資と相続税

　相続税対策のためにアパートなどの不動産を建てるという方法が、昨今多く見られます。前述したように、不動産は評価額が下がり処分がしにくくなるうえ、結局相続税の対象になるのに、どうしてここまで賃貸物件が乱立しているのでしょうか？　それは財産評価の方法がカギになります。

　たとえば、2億円の物件を1億円の現金と1億円の借入金で購入したとしましょう。このようなケースでは、場合によっては相続財産の評価額が0円になってしまうことがあります。

　どういう仕組みかというと、2億円の物件の評価は、人に貸している場合約50％に下がります。すると、2億の財産は1億円の評価額になります。逆に、1億円の借金の評価は1億円のままです。1億円の財産から1億円の負債を控除すると、全体での評価額が0円になるというわけです。

　1億円の現金をそのまま持っている場合には前述した通り、当然1億円の評価となります。しかし、借金をして賃貸物件を建築することで相続税の評価額は下がり、かつ子孫に家賃収入が得られる賃貸物件を残すことができるのです。

　これが、人口が減少しているにもかかわらず、賃貸物件が乱立している大きな理由です。この相続対策の不動産投資が純粋な投資として正しいかどうかは別問題ですが、相続税だけに着目すると確かに有利になります。そのため、資産家の相続税対策として広く普及しています。

5
消費税

　法人税や所得税と異なり、事業の経営者のみならず、小学生であっても、買い物の際には「消費税」を支払います。消費税の負担者は当然消費者ですが、私たち消費者は消費税の申告や税務署への納付をしていません。消費税は事業者が消費者から預かり、自身が負担した消費税を差し引いて納付しているのです。

消費税の概要

　消費税は、消費行為に対して広く公平に負担を求める間接税です。国内取引にかかる消費税の課税対象は、以下の要件をすべて満たすものとなります。

　　① 国内において行うものであること
　　② 事業者が事業として行うものであること
　　③ 対価を得て行うものであること
　　④ 資産の譲渡、資産の貸付、役務の提供であること

消費税の納税義務者

　国内での取引にかかる消費税の納税義務者は、個人事業主と法人です。しかし、消費税を負担するのは消費をした者、つまり私たち消費者となります。

　私たちが支払った消費税は、受け取ったお店が売上に含まれる消費税として集計し、そのお店が支払った仕入などに含まれる消

費税を控除した差引残高を、私たちに代わって国へ納税しているのです。

すべての事業者が消費税を納付しているとは限らない

前述したように、私たちに代わり事業者が国に消費税を納税していますが、すべての事業者が消費税を納税しているわけではありません。事業者の中には「免税事業者」といって、受け取った消費税から支払った消費税を控除した差額を国に納めずに収益計上して受け取っている事業者もあります。

これは、消費税を納税している側からすれば、非常に納得のいかない制度だと思います。ただし、この制度は、消費税を導入する際に、小規模な事業者が消費税の申告をする手間に配慮をしたものなので、設立したばかりの企業や一定の小規模事業者に限られています。

消費税のかからない取引

消費税は、すべての取引にかかるわけではありません。一定の取引については、消費税がかからないものもあります。消費税は、そもそも「消費」という行為に対して課税するものです。したがって、その取引が消費に該当しなければ消費税はかかりません。

このほかにも、消費税を導入した際に、国民への配慮として消費税を非課税としたものもあります。それでは、どのようなものが消費税がかからないのか、それぞれ確認していきましょう。

① **不課税取引**（消費税の課税対象ではない）
消費税の課税対象は、本節「消費税の概要」で説明したすべて

の要件を満たすものです。したがって、要件から外れるものは消費税の対象とはなりません。例をあげるとすれば、外国との取引や対価を得ない物品の寄付などが該当します。

② **非課税取引**（政策上、国民感情に一定の配慮をしたもの）

要件をすべて満たすものの消費という概念に沿わない取引、社会政策上の配慮から消費税を課税しない取引があります。例としては、前者の例には土地の譲渡、後者の例にはお墓の購入や住宅の家賃などがあります。

特に、土地の譲渡に消費税がかからないということは重要論点です。そもそも土地は、消費して消えるものではないために、消費税がかかりません。しかし、同じ不動産でも、建物は使用によって消費されていきますので、消費税の対象となります。

豆知識
簡易課税制度にご用心！

消費税の計算は、事業者の売上に含まれる消費税から仕入などの費用に含まれる消費税を差し引いて計算するのが原則です。

建物や車両を購入すると、その購入の際に消費税を払うため、支払った消費税は売上に含まれる消費税から控除されます。したがって、高額な資産を購入すると、決算時に払う消費税は少なくなります。

ここで注意が必要なのが消費税の課税方法です。消費税は上述した原則的な計算方法による課税のほかにも、一定規模以下の事業者に認められている「簡易課税制度」があります。「簡易課税

制度」とは、売上に含まれる消費税に対し、その事業者が営む業種に応じて一定の率を乗じることで、納める消費税を計算する簡便的な方法のことです。

この制度は、消費税を導入した際に消費税の計算が小規模な事業者の負担となることを考慮して設けられました。しかし、実際に原則課税で計算する消費税額と簡易課税で計算する消費税額には差額が生じるため、そこに有利不利が生じることになります。

原則課税を選択していれば、本社ビルの購入など売上以上の支出をした場合には、払った消費税のほうが多いために、決算時に消費税が還付されるケースもあります。しかし、簡易課税を選択していると、支出に含まれる消費税はまったく考慮されません。そのため、売上以上の支出をしたとしても、消費税計算には何の影響も与えることができなくなってしまいます。

高額資産を購入する場合には、消費税の計算結果に大きく影響することがあります。そのような場合には、契約前に消費税の課税方法を確認し、場合によっては事業者の顧問税理士と相談して購入のタイミングを検討することが大切です。

豆知識

土地付き建物にご注意！

土地には消費税がかからず、建物には消費税がかかると説明しましたが、ここで一つ注意しなければいけないポイントがあります。それは、土地付き建物を購入した場合と土地付き建物を借りた場合の消費税の取り扱いについてです。

① 土地付き建物を購入した場合

土地付き建物を購入した場合、これは土地と建物の両方を購入したことになります。したがって、土地については消費税が非課税、建物については消費税が課税となります。新築の建物を購入する場合には、土地と建物の価額が区分されているケースがほとんどです。

一方、中古で購入した場合には、消費税の記載すらなく、税込いくらといった売買契約が結ばれることがあります。購入後の経理処理のためにも、消費税部分を契約時にしっかりと確認しておくよう注意しましょう。

② 土地付き建物を賃貸する場合

土地付き建物を賃貸する場合は、土地と建物を一体と見なします。したがって、消費税が課税されるかどうかは、その建物の用途に応じて変わります。

事務所用であれば消費税は課税となりますし、住宅用であれば消費税は非課税となります。なお、事務所用・住宅用というのは、実際の使用状況ではなく、賃貸借契約書に記載されている用途で判断されます。

したがって、マンションの一室を借りて事業を行う場合、その契約書に用途が住宅用と記載がある場合には消費税はかかりません。そのため、事務所として使用していても、消費税の申告の際に売上にかかる消費税から控除することができないことになります。これは、実務上よくあるトラブルですので、注意が必要です。

第 **7** 章

経営者のための経営分析

公認会計士・税理士　高橋基貴

この章のポイント　　　　　　　　　　　　　　　　　*point*

　第7章は、第1章から第6章までと大きく変わって、実践的な経営分析のテーマになります。また、この章では、理論編、実践編、参考データの順に構成しています。

　この章で理解してほしいポイントは次の3つです。

　　① 過去と比較する目的
　　② 他社と比較する目的
　　③ 指標分析を行う目的

　①過去比較、②他社比較というのは、決算書を総括的にとらえて分析する手法です。経営分析のうえで、実は一番重要なのですが、算式はなく、比較的理解しやすいテーマです。

　次の③指標分析においては、それぞれの算式を覚える必要はありません。③では「どのような経営分析をするために、どの算式を利用するのか」を理解することが大切です。さらに、①過去比較、②他社比較による分析結果に沿って、③指標分析を行っていかないと、誤った方向に理解してしまう点には要注意です。

　ただし、数式ばかりでとっつきにくいため、実践編を見ながらそれぞれ登場する算式を見てもらうという使い方でもいいかもしれません。また、これはあくまで代表的な例示であるため、会社の状況に応じて他の指標も使ってみましょう。

　最後に、参考として主な業種の指標例を載せました。会社の方向性を判断する基準の一つになるでしょう。ただし、これより数値がいいことそれだけをもって、会社は正しい方向に向かっていると判断するのは危険です。

1
財務諸表を比較する2つの方法

　財務諸表の中心となる書類は、損益計算書と貸借対照表です。経営分析においては、これらの書類単体で分析することも大切ですが、自社の過去の財務諸表や他社の財務諸表と比較することも重要となります。

過去との比較

　経営分析で必ず行うべきことは、自社の過去、特に前期との比較です。前期と当期の財務諸表を比較して増減の分析、すなわち金額の変動の大きな勘定科目に着目し、なぜそのような増減が発生したのかについての原因分析を行います。

　前期だけではなく、さらに数年前までの財務諸表と比較して増減分析を行うと、より効果的に経営課題を発見することができます。

他社との比較

　自社の過去情報と比較することで、業績が改善したかどうかが理解できます。しかし、過去情報だけでは、自社が該当する業界の中で優良企業なのか、それとも不良企業なのかという業界全体における位置づけは把握できません。

　この点は、同業他社との比較を行うことではじめて明らかにすることができます。同業他社との比較で業績が悪いのであれば、その原因をしっかりと認識し、経営改善に取り組むことが必要になります。

2
分析指標

　分析指標（財務指標とも言います）とは、財務諸表の数値を用いて算出される、経営分析を行う際に有用となる数値のことです。その分析指標を用いた経営分析手法を指標分析と言います。代表的な指標分析には、「収益性分析」「安全性分析」「効率性分析」などがあります。

　算出された指標は、自社の過去・同業他社と比較検討することになります。ここでは、まず経営分析の手法で比較的頻繁に活用される指標分析を紹介します。

▍収益性分析

　「収益性分析」とは、企業がどれほどの利益を獲得しているかを分析するものです。企業が提供する商品またはサービスの競争力、販売活動、財務活動を含めた、企業の総合的な収益力を判定する根拠となります。

　次の①～③は資本を基に分析する資本利益率、④～⑥は売上を基に分析する売上高利益率と、大きく2つに分けられます。

① 総資本経常利益率

> 総資本経常利益率＝経常利益÷総資本×100（％）

　総資本（＝負債＋純資産）を使って経営活動を行った結果、ど

れだけの経常利益を上げたかを示す指標です。会社の総合力を示す指標であるともいえます。

② 総資本事業利益率（ROA：Return On Assets）

> 総資本事業利益率＝事業利益÷総資本× 100（％）

　会社の総資本に対して、どれだけの利益を上げているかを見る指標が「総資本事業利益率」です。会社全体の元手に対する稼ぐ力を示すため、総資本を分母に、事業利益（事業利益＝経常利益＋受取利息＋受取配当金など）を分子におきます。

　総資本事業利益率は、会社全体の資本である総資本を用いて計算する指標であるために分母が総資本になりますが、分子の利益については別の考え方もあります。

　すなわち、企業は法人税などの税金コストを差し引いた実際に手許に残る利益を獲得することが究極の目的であるため、収益性の判断も、税引後ベースの当期純利益で行うという考え方です。また、会社全体の利益である経常利益で行うべきだという考え方もあります。

　いずれの場合も、分母が総資本となることに違いはありません。

＜計算式＞
総資本経常利益率＝経常利益÷総資本× 100（％）

③ 自己資本利益率（ROE：Return On Equity）

> 自己資本利益率＝当期純利益÷自己資本×100（％）

　株主から得た資本に対して、どれだけの利益を上げているかを見る指標が「自己資本利益率」です。自己資本（＝純資産）が分母になり、株主にとって意味のある分配可能利益である当期純利益が分子になります。

④ 売上高総利益率（粗利益率または粗利率）

> 売上高総利益率＝売上総利益÷売上高×100（％）

　製品や商品の収益力と競争力を表す指標です。企業が提供している商品の特性、ブランド力、販売力、購買力の収益性を示す指標ともいえます。
　代表的な利益率には、主に本指標を含め3つありますが、「売上高総利益率」は、売上と売上原価の関係を特に重視する指標であり、基本的な利益率を把握する場合に使います。

⑤ 売上高営業利益率

> 売上高営業利益率＝営業利益÷売上高×100（％）

　本業の基本的な営業収益力を見る指標で、本業の実力度合いが表れるために、収益性指標の中でも最も重要といえるでしょう。

先に紹介した売上高総利益率では売上を獲得するために使った広告費や諸経費などの販売管理費を無視しており、また後で紹介する売上高経常利益率では営業とは関係のない負債利子などの毎期確定的でない営業外損益も入ってしまいます。

　しかし、売上高営業利益率を求める場合に分子となる営業利益は、売上総利益から販売管理費を除いたものです。したがって、企業の基本的な営業成果を把握するには、売上高営業利益率を見るのが妥当といえます。

⑥ 売上高経常利益率

> 売上高経常利益率＝経常利益÷売上高×100（％）

　経常利益は財務活動による成果も含めた利益であり、経営しているうえで常に得られるという意味の利益です。したがって、会社の総合的な収益性が表れます。

! 豆知識

分配可能利益とはどんな利益？

　自己資本利益率分析において、「分配可能利益」という用語が登場しました。これは「会社は誰のものか」という視点で利益をとらえることによってはじめて理解できる内容です。

　まず、会社には債権者、株主、金融機関などのさまざまな利害関係者（「ステークホルダー」と呼ばれる）が存在します。した

がって、どの段階の利益がどの関係者に帰属するかが、重要になります。

まず、営業利益は従業員や仕入先のものです。なぜならば、賃金や売上原価などを受け取った後の利益だからです。

次に、経常利益は金融機関のものです。なぜならば、ここで貸し付けたお金の利益を受け取った後の利益だからです。

最後に、当期純利益は株主のものです。なぜならば、株主に配当として分配されるのは、利益から税金を差し引いて残った利益を源泉とするからです。この利益こそ「分配可能利益」となります。

2.1節「決算の基礎は損益計算書」とは違った視点で利益を分析すると、このように考えることもできるのです。

効率性分析

効率よく資産や資本を使っているかを判断する指標が「効率性分析」です。

効率性分析では、収益性分析以上にその指標だけで絶対的な優劣を判断することは困難です。自社の期間比較や他社との比較などを行ってはじめて判断できることになります。

① 総資本回転率（総資産回転率）

> 総資本回転率＝売上高÷総資本（回）

総資本回転率は、元手である総資本をどれだけ効率よく使って、何倍の売上を上げたのかを見る指標です。たとえば、総資本回転

率が2回ということは、総資本の2倍の売上を上げたということになります。

この指標は高ければ高いほど、少ない資本で多くの売上を獲得しているという高い効率性を示します。

総資本回転率を高くするには、分母の総資本を下げる必要があります。無駄な資産(在庫、固定資産、投資資産)を処分することで、効率性を高めることが可能になります。

② 売上債権回転率

> 売上債権回転率＝売上高÷売上債権（回）

「売上債権」とは、受取手形に売掛金を加えたもので、商品を売ったのにまだその販売代金を現金で回収できていない金額のことです。売上債権回転率は、少なければ少ないほど代金回収の効率がよいと判断できます。なお、回収期間を示す指標の売上債権回転期間（日数）は、365日÷売上債権回転率で算出することができます。

この指標は、売上債権が一定期間内に何度回転しているか、すなわち売上債権が平均して何度支払われているかを表すものです。たとえば、売上債権回転率が5回ということは73日で、4回ということは約91日で回収するということを表します。

売上債権回転率を高くするには、分母の売上債権を下げる必要があります。売上の入金条件の変更など、売上債権の早期回収努力を徹底するとともに、手形の裏書譲渡、長期滞留債権に対する回収など、債権回収管理を改善していく必要があります。

③ 棚卸資産回転率

> 棚卸資産回転率＝売上高÷棚卸資産（回）

「棚卸資産」は、商品として保有しているため、資金が眠っている在庫のことです。棚卸資産回転率は高ければ高いほど、効率よく在庫を回しているということができます。

過剰在庫は資金繰りを圧迫しますので、棚卸資産が売上の獲得のためにどれだけ効率的に回転しているかを見る指標が有効になります。

棚卸資産回転率が高いほど、資産の効率性は高くなります。

④ 有形固定資産回転率

> 有形固定資産回転率＝売上高÷有形固定資産（回）

少ない資産で効率よく売上を獲得することが、効率的な経営の姿であるといえます。それには、自社ビルではなく賃貸ビルにする、固定資産はリースを利用する、車は購入ではなくレンタカーを活用するなどの方法が考えられます。

有形固定資産の効率性を示す「有形固定資産回転率」が高いということは、有形固定資産の稼働率が高く、有効に活用されているということです。一方、有形固定資産回転率が低い場合には、建物や土地への投資が過剰になっていないか、あるいは遊休資産を売却して現金化できないかを検討することになります。

⑤ 棚卸資産回転期間

> 棚卸資産回転期間＝棚卸資産÷1カ月の平均売上高（カ月）

「棚卸資産回転期間」は、棚卸資産が企業内に滞留している日数（または月数）を示します。在庫が販売されるのに必要な期間を表しており、短いほうが望ましいということができます。

安全性分析

「安全性分析」における安全とは、他人に借りた金よりも自分の金を多く保有している状態であると言い換えることができます。この観点から、次の①〜⑥のような指標を使います。

①と②は比較的短い期間の安全性を、③と④は比較的長い期間の安全性を図る指標のため、①②を「短期安全性」、③④を「長期安全性」と区分します。また、⑤と⑥は資本の調達方法に着眼した分析指標であるために「資本調達構造」と分類されます。

① 流動比率

> 流動比率＝流動資産÷流動負債×100（％）

「流動比率」は、短期でお金になる資産（＝流動資産）と、短期にお金を支払うべき負債（＝流動負債）とを比較することで、短期的な財務安全性を判断する指標です。

この指標は、他と比較することなく優劣が判断できる絶対指数です。最低100％以上でないと危ないと判断できますし、100％

未満ならば短期資金が不足していることになります。

② 当座比率

> 当座比率＝当座資産÷流動負債×100（％）

「当座比率」とは、当座資産に対する流動負債の割合です。ここでの「当座資産」とは現金、預金、受取手形、売掛金、一時所有の有価証券などで、流動資産から棚卸資産を除いたものです。

すぐに現金化できない棚卸資産を差し引いて真の短期支払能力を見る指標であり、流動比率と同じく企業の安全性を判断する指標です。

流動比率同様、当座比率も絶対指標で、100％以上が望ましく、50％未満の場合は危険であるということができます。

③ 固定比率

> 固定比率＝固定資産÷自己資本×100（％）

「固定比率」とは、長期的に渡って資本が拘束される固定資産が、返済義務のない自己資本でどの程度カバーされているかを示す指標です。長期的な視点で安全性を見る指標といえます。

固定比率も絶対指標であり、一般的に100％以下が望ましいとされています。また、固定比率が低いほど、資金面で安定的な設備投資がなされていることを表します。

④ 固定長期適合率

> 固定長期適合率＝固定資産÷（自己資本＋固定負債）× 100（%）

「固定長期適合率」は、固定資産への投資額が自己資本と固定負債の合計額を超えていないかどうかを見る指標で、固定比率を補足する指標です。

分母に、返済義務のない自己資本に、返済義務はあるものの長期に渡りお金の支払いがない固定負債を加えることから、固定比率よりも緩やかな基準で安全性を図ります。

そのため、固定比率が100%を超えていても、固定長期適合率が100%以下ならば、まだ安全であると判断できます。

固定長期適合率が100%以下である場合は、長期的な投資が長期の元手（資金）で賄われている状態といえ、固定長期適合率が100%以下でない場合は、短期的な元手が長期的な投資額に流用されているために不健全な財政状態と考えられます。

⑤ 自己資本比率

> 自己資本比率＝自己資本÷総資本× 100（%）

「自己資本比率」とは、総資本（他人資本＋自己資本）に対する自己資本の割合を示す比率です。

他人資本は返済する必要がある資本ですが、自己資本は返済の必要のない資本であるため、財務の健全性の観点からは自己資本比率が高ければ高いほど安全であるといえます。なお、中小企業は、株主からの出資金部分がないか、少ない企業がほとんどです。

ですので、当然に一般的な平均値よりは低くなります。

　自己資本比率はそのバランスが重要とされています。したがって、業界平均や同業者などと比較をしてはじめて優劣が判断できます。

⑥ 負債比率

> 負債比率＝負債÷自己資本×100（％）

「負債比率」は、他人資本と自己資本のバランスを示す指標です。返済義務のある他人資本に依存しないほうが安定的といえるので、負債比率は低いほうが安全性が高いと判断できます。

図表19 重要な分析指標

(1) 収益性分析			
資本利益率	分子	分母	
①総資本経常利益率	経常利益	総資本	
②総資本事業利益率（ROA）	事業利益	総資本	事業利益＝営業利益＋受取利息配当金
③自己資本利益率（ROE）	当期純利益	自己資本	自己資本＝純資産－新株予約権
売上高利益率			
④売上高総利益率	売上総利益	売上高	売上総利益＝売上－売上原価
⑤売上高営業利益率	営業利益	売上高	営業利益＝売上－売上原価－販管費
⑥売上高経常利益率	経常利益	売上高	経常利益＝売上－売上原価－販管費＋営業外収益－営業外費用
(2) 効率性分析（回転率・回転期間）			
効率性分析			
①総資本回転率	売上高	総資本	
②売上債権回転率	売上高	売上債権	売上債権は貸倒引当金を控除する。
③棚卸資産回転率	売上高	棚卸資産	
④有形固定資産回転率	売上高	有形固定資産	建設仮勘定を控除する。減価償却後の帳簿価格を用いる。
⑤棚卸資産回転期間	棚卸資産	売上高	
(3) 安全性（流動性）分析			
短期安全性			
①流動比率	流動資産	流動負債	
②当座比率	当座資産	流動負債	当座資産＝現金預金＋受手＋売掛金＋有価証券
長期安全性			
③固定比率	固定資産	自己資本	
④固定長期適合率	固定資産	自資＋固定負債	
資本調達構造			
⑤自己資本比率	自己資本	総資本	
⑥負債比率	負債	自己資本	

3
具体的活用――比較編

7.1節「財務諸表を比較する2つの方法」と7.2節「分析指標」において、どのような分析手法があり、どのような目的で使われるかが理解できたかと思います。ここでは、これを一歩踏み込んで、実践的な使い方を確認することにします。

▍過去との比較

会社の経営状況を判断するよい方法は、まず前年と比較をすることです。

　①売上が増えているか、減っているか
　②粗利率が改善されているか、悪化しているか
　③営業損益が増えているか、減っているか

他にもいろいろと比較する事項はありますが、まずはこの3点に着目してみるのがよいでしょう。

▍過去との比較――売上・粗利率

まず、売上が増えていれば経営が順調に推移している、と判断できる一つの要素となるでしょう。

しかし、減っていても良いこともあれば、増えていても経営上良くない場合もあります。その判断の参考にするのが粗利率の推移です。つまり、売上の増減と粗利率の増減はセットで考える必要があります。

例1：売上は減っているが、粗利率が改善している

⇓

　採算の悪い事業を終わりにした、無理な値引き販売を行わなかったなどの場合、今後の成長を見込める可能性があるという判断になるといえるでしょう。

　しかし、粗利率の改善は偶発的なものによるものであり、他社に販売先を奪われたことなどにより売上が減少した場合には、経営がうまくいっていないという判断になります。

例2：売上は増えているが、粗利率が悪化している

⇓

　無理に値引き販売を実施したことにより、売上は確保できたものの、結果として粗利率は減少した場合、売上の増加は一時的なものに過ぎず、経営があまりうまくいっていないという判断になるといえるでしょう。

　一方、滞留していた在庫を処分して、新しい事業で勝負するための現金・預金を確保したなどの場合、流動性比率は改善されるうえ、資金繰りもよくなるため、今後の成長が見込める可能性があるという判断になります。

例3：売上が増え、粗利率も改善している

⇓

　この場合、あまり悪いことは考えにくいです。ただし、それが

偶然なのか、計画通りなのかを見極める必要があります。計画通りの場合には、継続的に企業が成長していく過程にある場合もありますので、大いに飛躍する可能性があります。

> 例4：売上が減り、粗利率も悪化している

⇓

この場合は、一番危険な可能性が高いです。値引き販売をしてもなかなか売上が確保できない可能性があるためです。

しかし、業態を大きく変更していたり、先行投資の事業がある場合には、今後大きく成長する可能性があると判断できることがあります。その場合でもあくまで可能性だけであり、要注意である点に変わりはありません。

過去との比較——営業損益

また、営業損益が増減する理由は、売上の増減、売上原価の増減、販売費及び一般管理費の増減、の3つの要因があります。

前項で、売上・売上原価の分析を行いましたので、ここでは販売費及び一般管理費に着目します。販売費及び一般管理費の増減には、以下のようにいろいろな理由が考えられます。

- 費用の見直しを行い、節約が実現されたため、費用が減少した
- 新規出店により人員を雇用したため、費用が増加した
- 機械や備品を購入したことにより、消耗品費や減価償却費が増加した

つまり、増減の理由がはっきりしており、それに沿った方向で販売費及び一般管理費が増減すれば問題ありません。しかし、逆の動きの場合や想定外の勘定科目の増減が発生した場合には、会社にとって想定外の増減になるので要注意といえるでしょう。

他社との比較──売上・粗利

売上が大きい＝儲かっている会社、という判断をする人がいます。しかし本当にそうでしょうか？

売上が1億円で利益が0円のA社と、売上は1,000万円だが利益が100万円のB社とでは、どちらが儲かっているでしょうか？

答えはB社です。つまり、売上は取引の規模を測る指標でしかなく、儲かっているかどうかを判断する指標ではないということです。

売上は取引の規模を測る指標と先ほど説明しましたが、異業種で比較した場合はどうでしょうか？

製造業、コンビニ、コンサルタント業で、それぞれ1億円の売上があったとします。製造業であれば、売上原価として多くの材料費・人件費・経費などからなる費用が主に発生します。コンビニなどの小売業であれば仕入れた商品の原価など、コンサルタント業の場合は人件費などの費用が主に発生します。

このように、業種ごとに費用も、粗利率もその中身がまったく違うので、結果として売上の中身も違ってきます。そのため、違う業種で売上や利益の大小を比較してもまったく意味がないのです。

それでは、同業種であることを前提に、具体的に見てみましょう。下記の例5を見てください。

```
例5：
C社  売上          1億円      D社  売上       3,000万円
     原価      7,000万円           原価      1,500万円
     粗利      3,000万円           粗利      1,500万円
     粗利率         30%            粗利率         50%
```

C社のほうが、D社よりも売上も粗利も大きいため、経営状態が良い会社のように見えます。しかし、粗利率に着眼してみると、D社のほうが大きくなっており、効率的に売上を達成しています。

その視点からすると、「D社のほうがうまく経営していて、これから会社が成長するかもしれない」という見方ができる一方で、「C社は今は儲かっているが、効率よく経営しているD社のような会社が増えてくれば、経営が悪化するかもしれない」という見方もできるでしょう。

このように、売上や粗利の数値からいろいろと読み取ることができます。したがって、その金額や比率の大小を多角的に分析するようにしましょう。

他社との比較――販売費及び一般管理費

販売費及び一般管理費の分析は、勘定科目が多岐にわたり、かつその種類も数え切れないほどあるため、なかなか大変です。ここでは、簡単な分析方法をお教えします。

まずは、金額が多い上位3つの勘定科目をチェックします。な

ぜならば、大抵の場合、それがその事業で最も大切な費用の要素となるからです。

　その抽出した勘定科目の金額や販売費及び一般管理費に占める比率、売上で除した比率など、複数の同業他社と比較してみると、会社の方向性が見えてきます。たとえば、小売業ではどの企業も人件費は多いにもかかわらず、その会社だけ売上高に対する比率が少ない場合、人員を効率的に回していることを示している可能性があります。

　次に、同業他社では目立たないが、その会社では目立つ勘定科目を、逆に同業他社では目立つのに、その会社では目立たない勘定科目をチェックします。その勘定科目こそがその会社独自の方向性を示している可能性があります。たとえば、広告費が比較的多くかかる業界において、その広告費が低いにもかかわらず十分な売上を達成している場合、独自の広告ルートを持っている可能性があります。

　また、研究費やサンプル費などが多く出ている場合、独自の商品開発を行い、同業他社を出し抜けるようになる可能性があります。

4
具体的活用——分析指標編：小売業の例

　すべての分析指標は、どの業種であっても当然に大切です。ただし、その重要度合は業種によって異なります。たとえば、小売業は、値引販売、在庫、黒字倒産が重要なテーマになることが多いのです。そこで、重要性の高い分析指標から優先的に理解し、その他の分析指標はその次に押さえていきます。

▌売上高総利益率分析

　小売業では、値引販売による影響は切っても切り離せません。値引販売を実施すれば、単純に売上は伸びます。しかし、安売りによって確保された売上であるために、粗利は低下します。そのため、売上高総利益率分析を分析することにより、値引販売による経営への影響が把握できます。

　この指標が前年比で低下している場合、危険な状況にあるといえます。値引販売という安売りによりなんとか売上を確保できている、という状況を示している可能性があるからです。そのため、前年比で売上が同じであっても、先行きが怪しいことを示す可能性があります。

　この売上高総利益率が前年度と比べて改善しているかどうかを、常に把握してください。

▌棚卸資産回転率分析

　小売業では、在庫の確保は当然に必要です。しかし、在庫が多

くなりすぎると、在庫の劣化・滞留による商品陳腐化や資金繰りの悪化を引き起こす恐れがあります。

一方、在庫の劣化・滞留を恐れて仕入を極端に控えると、在庫が不足し販売機会のロスを引き起こしてしまう可能性もあります。そこで、棚卸資産回転率分析が必要になります。

在庫は単純に金額の多寡ではなく、売上との比較によりはじめて意味を持ちます。その会社にとって売上と比較した適正と考えられる在庫数量を保有するように努めてください。

当座比率分析

小売業は通常、現金売上のため、現金回収は早いという特性があります（クレジットカード販売の場合には、現金での入金と売上時点では少しタイムラグがあります）。

一方で、商品がないと販売できないため、先に在庫としてまとめて仕入れなくてはなりません。そのため、まだ販売されていない商品の支払いを、その前に仕入れた商品の販売利益から捻出しないとなりません。

支払えない場合には、俗にいう黒字倒産につながります。そのため、当座比率分析が非常に大切になります。毎月の当座資産がどの程度になっているかに鑑み、仕入債務が適正な金額に抑えられているかを考えるようにしていきましょう。

5
具体的活用——分析指標編：飲食業の例

飲食業は、人件費・設備が多い、借入金が多い点が特徴としてあげられます。その特徴を念頭に置きつつ、経営分析の一例を紹介します。

売上高総利益率分析

飲食業では、誰もが開業前に想定原価率を設けて経営されていると思います。しかし実際には、売れ残りによる廃棄、調理過程による廃棄などの影響により、実際の原価率が想定原価を上回ってしまうことも多いのではないでしょうか。

原価管理がうまくいっているかを数値で明らかにしてくれるのが売上高総利益率分析です。ただし、この指標が悪化したとしても、経営上、より良いものを提供して顧客を呼び込むことを目的としたものであれば、問題はありません。問題は想定外にこの指標が悪化することです。

負債比率分析

飲食業は、開業時に多額の借り入れをして、店舗の内装工事・調理機器などを揃えることが一般的です。しかし、借金の返済は費用にはならないため、収益から費用を差し引いた利益から税金を支払い、「残った利益」を原資にして借金を返済することになります。

第3章「貸借対照表」で説明した通り、「残った利益」は自己

資本に加えられます。つまり、負債比率分析により、負債（ここでは主に借入金を想定）を自己資本（資本金＋会社設立から今期までの「残った利益」の累計）で十分に賄えるかを把握できます。

この比率が大きい場合には、負債の返済原資である自己資本が負債と比較して少ないために、過大な借入金となっている可能性があります。そうなると、将来的に返済に窮してしまう可能性があることを示しています。

売上高人件費比率分析

売上高人件費比率分析は、売上高に占める人件費の割合を示します。この指標は、次の算式で求めます。

売上高人件費比率分析＝人件費÷売上高×100（％）

飲食業は、店長・正社員・パート・アルバイトなどをうまく活用していかないと、経営が成り立ちません。どうしても人件費が高くなるため、販売費及び一般管理費における人件費率も高くなります。

そこで、この売上高人件費比率が重要になります。この比率が高いということは、1円の売上を達成するのにかかる人件費が高い、ということになります。

分析はここからが大切です。「人件費比率が高い＝効率が悪い」と単純に判断しがちですが、そう単純な話ではありません。確かに、非効率な店舗経営を指し示すことが多いのは事実です。しかし一方で、人員配置が適切であれば、1人当たりの賃金が高いため人員のモチベーションを向上させ、社員の離職を防ぎ、店舗経営が順調に推移する可能性があります。

比率が高い、低いだけで判断するのではなく、配置の適切性、モチベーションなどを総合的に加味して判断することが必要なのです。

有形固定資産回転率分析

飲食業は初期投資により、開業時に大きな有形固定資産（改装・調理機器など）が計上されます。そして、随時改装や調理機器の買い替えなどにより、有形固定資産は増減します。これらの資産は購入時に即時費用になるわけではなく、減価償却として年月の経過と共に経費になります。

つまり、有形固定資産回転率分析が小さいということは、売上に対して固定資産が過大である可能性を示唆しています。こだわりをもって内装・機器を購入したのであれば、それに見合った売上を計上できるような単価の検討に役立ちますし、大規模改装や機器の入れ替えを検討する際にも役に立つといえるでしょう。

6
参考数値

ここまで経営分析の手法を明らかにしてきました。基準となる数値がないと比較判断が難しいため、ここにまとめて参考値を記載しておきます。

図表20　各指標の参考値

	小売業	飲食店業
総資本経常利益率	2.67％	1.65％
総資本事業利益率	1.55％	0.45％
自己資本利益率	4.99％	8.71％
売上高総利益率	26.88％	63.55％
売上高営業利益率	0.92％	0.34％
売上高経常利益率	1.59％	1.24％
総資本回転率	1.68回	1.33回
売上債権回転率	11.82回	56.10回
棚卸資産回転率	12.76回	64.90回
有形固定資産回転率	4.83回	2.22回
棚卸資産回転期間	0.94カ月	0.18カ月
流動比率	127.70％	79.49％
当座比率	81.43％	58.61％
固定比率	174.62％	611.47％
固定長期適合率	78.73％	109.33％
自己資本比率	25.83％	12.01％
負債比率	287.13％	732.58％

【出展：東京都中小企業診断士協会城南支部HP（平成25年度中小企業実態基本調査〈速報〉より同支部が作成）】

豆知識

定量評価と定性評価

　ここまでに明らかにした経営分析は、数値を基に判断することができるものです。これを「定量評価」と呼びます。一方、数値では表せないものの、経営者の属性に依拠して経営分析を行うこともあります。これを「定性評価」と呼びます。

　定性評価の具体例の一部としては、次に掲げるようなチェックポイントがあります。

① 経営能力・管理能力
- 経営理念（信条）、経営方針、目標はあるか。
- 数値管理能力は十分か。
- 斬新な経営感覚を持っているか。

② 企画力・実行力
- 商品に対するアイデアに主導権をもってリードしているか。
- 技術開発、研究面に力を注いでいるか。
- 経営の合理化、改革に意欲と実行力を持っているか。
- 経営計画は着実に実行され、適切に点検されているか。

③ 人格・識見
- 公共社会、業界、従業員などに対する責任感は十分か。
- 企業ならびに経営者個人の税務申告に問題はなかったか。
- 協調性と適度の社交性はあるか。
- 企業内の雰囲気は明るく、規律が良好と感じられるか。

④ 個人生活・経歴
- どのような経歴か。
- 健康状態は良好か、経営活動に支障はないか。
- 家族（特に配偶者）、同族関係者の評判はどうか。
- 社長の個人資産（特に不動産）の所有状況はどうか。

第 **8** 章

自動車営業の ための活用法

公認会計士・税理士　服部夕紀

この章のポイント　　　　　　　　　　　　　　　　　*point*

　第8章では自動車取引を行う場合を念頭に、会計の知識を営業に活かすヒントを紹介します。この章で理解してほしいポイントは次の3つです。

　　① 自動車の購入代金が費用化される「減価償却」の仕組み
　　② 自動車の購入が顧客の資金繰りに及ぼす影響
　　③ 購入手段のメリット・デメリットは、顧客の経営状況や
　　　 資金繰りの状況によって変化する

　最後に、そもそも自動車を個人事業あるいは法人の「資産」に計上する場合に求められる前提条件について触れます。

1
減価償却のおさらい

第3章でも触れましたが、減価償却とは保有している固定資産の価値の減少分を費用化することをいいます。

減価償却とは何か

固定資産を購入したときの支払い代金は、損益計算書上の「経費」に計上されるのではなく、貸借対照表上の「固定資産」に計上されます。

固定資産は一度購入したら、その後数年〜数十年間にわたって使用されます。つまり、その資産を購入したことによる効果は、購入した年度だけでなく次年度以降にも及ぶということです。そのため、固定資産の取得のための支払い代金は一時の経費とはせずに、その固定資産の使用期間にわたって一定のルールに基づき費用化していくのです。このルールは「償却方法」と呼ばれており、代表的なものとして「定率法」や「定額法」があります。

ところで、固定資産の使用期間のことを「耐用年数」といいます。「耐用年数」は法人税法上、その資産の種類ごとに細かく決められています。たとえば、一般の普通乗用車の耐用年数は6年、軽自動車は4年です。損益計算書上、この耐用年数において費用化した金額は「減価償却費」として費用計上されます。

ここでのポイントは、自動車の購入代金はいったん貸借対照表において「有形固定資産」として資産計上され、耐用年数にわたって「減価償却費」という形で費用化されるということです。

一方、資金繰りに着目すると、自動車を購入した時点で購入代金の全額を売主に支払う必要があります。取得時に全額を支払うものの、購入代金が会計上で費用化されるのは自動車の耐用年数の期間にわたります。換言すれば、減価償却費の計上には、現預金の支払い（キャッシュアウト）を伴わないということです。

　4.3節「キャッシュフロー計算書の仕組み」で説明したように、減価償却費の額を営業活動によるキャッシュフローに加算するのは、まさに「減価償却費は現預金の支払いを伴わない費用である」からです。

　ちなみに、購入時に全額を売主に支払うことが難しければ、自動車ローンを組んだり、自動車リース契約を結んだりといった手段を組み合わせます。この点については8.2節「自動車の購入によって、貸借対照表と損益計算書はどう変化するか」と8.3節「現金購入、ローン、マイカーリースの買主側における違い」で詳しく説明します。

自動車の営業マンにとって、減価償却はどんな意味がある？

　自動車の営業マンが個人事業主もしくは法人経営者に自動車を販売する場合、この減価償却という仕組みはとても大きな意味を持ちます。なぜなら、顧客にとって、自動車を購入した時点では、購入代金の全額が資産に計上されるため、経費（費用）とならないからです。

　ここで「経費」とは税務申告上、損金となる額のことを指し、「費用」とは会計上、損益計算書に計上される費用のことを指します。もし、自動車を法人税法の規定にしたがって減価償却するのならば、減価償却費の額は「経費」であり、「費用」となります。

たとえば「多額の税金（所得税あるいは法人税）を支払っていて、もう少し節税したい……」と顧客が考えているとしたら、営業マンが「自動車を購入または買い換えると、毎年〇円も経費（費用）として処理することができるため節税できますよ」と提案することによって、顧客の購入動機が高まる大きな要因となるでしょう。

豆知識

減価償却と節税の関係

減価償却と節税の関係を、もう少し詳しく説明します。たとえば、車両価格600万円の自動車を購入したとします。ここでは、計算を単純化するために耐用年数を6年、残価は度外視（ゼロ）、定額法による償却とし、税率は30％と仮定します。

この場合、毎年100万円（＝600万円÷6年）の減価償却費が損金となるので課税所得がその分だけ減少し、税率30％分である30万円を節税できることになります（図表21）。

図表21　車両価格600万円の減価償却費と節税額

	1年目	2年目	3年目	4年目	5年目	6年目
減価償却費	100	100	100	100	100	100
節税額	30	30	30	30	30	30
節税総累計	30	60	90	120	150	180

耐用年数の6年間分の節税額を通算すると、30万円×6年＝180万円。これは、180万円の税金を支払わずに済むということ

です。換言すれば、600万円の車を購入したために、180万円の税金を節約できることになります。

見方を変えれば、600万円の車を420万円（＝600万円—180万円）で購入することができるというわけです。この点を強調することで、購入見込客の購入意欲を高めることができるのではないでしょうか。

新車か中古車か

毎年の経費（費用）である減価償却費の額は、自動車の購入代金の額と耐用年数の長さで決まります。なお、図表21では定額法により償却費を計算しましたが、自動車の法定の償却方法は、法人の場合は「定率法」、個人事業主の場合は「定額法」となっています。いずれの方法においても、購入代金が同じであれば、耐用年数が短いほど、毎年の経費（費用）の額が増えることになります。

8.1節「減価償却のおさらい」で一般の普通乗用車の耐用年数は6年と示しましたが、これは新車の場合です。中古車の場合、新車登録時から6年以上経過しているかどうかで、耐用年数の計算方法が変わってきます。

仮に6年以上経過している中古の普通乗用車であれば、法定耐用年数を消化していることになるため、耐用年数は次の計算式のようになります。

　　新車登録時から6年以上経過した普通乗用車の耐用年数
　　＝法定耐用年数×20％

つまり、6年×20％＝1.2年となります。ただし、この耐用年数が2年に満たない場合は2年となります。また2年以上の場合、1年未満の端数は切り捨てとなります。

一方、新車登録時から6年未満の中古車であれば、次の計算式が適用されます。

　新車登録時から6年未満の普通乗用車の耐用年数
　＝法定耐用年数－経過年数＋経過年数×20％

たとえば4年経過している普通乗用車であれば、6－4＋4×20％＝2.8年となりますが、1年未満の端数は切捨てとなるため2年となります。

さらに、「定率法」により償却計算をする場合、耐用年数2年の償却率は1となることから、購入してから1年で購入代金の全額を経費（費用）に計上できます。

高級外車で、かつ新規登録してから4年経過した中古車で、車本体の価値が下がりにくい車種を選ぶと、購入代金は1年で全額を経費（費用）に計上でき、しかもそれほど売却損を被らずに済むといった手法が取れるのです。このような節税策を生み出す減価償却の知識は、大きな販促ツールになると言えるのではないでしょうか。

2
自動車の購入によって、貸借対照表と損益計算書はどう変化するか

　顧客が個人事業主や法人経営者である場合、自動車を購入することによって、貸借対照表や損益計算書は大きな変化を受けます。営業マンはその変化をあらかじめ予想して、顧客に有利な販売プランを提案することを考えてみましょう。

▌貸借対照表に及ぼす影響

　貸借対照表に及ぼす影響は、自動車を手持ち資金で購入したのか、それともローンを組んで購入したのかによって大きく異なります。

① 手持ち資金で購入した場合

　手持ち資金で購入した場合、現預金が減少し、その分有形固定資産（自動車）の額が増えることから、貸借対照表上の総資産額はほとんど変わりません。

　しかし、すぐに使えるお金の額が減少するため、資金繰りが苦しくなる可能性があります。ここで顧客の資金繰りの余裕度を計る指標として「手元流動性比率」を紹介しましょう。

　「手元流動性比率」とは、すぐに使うことのできるお金の額をその事業（あるいは企業）の1ヵ月の平均売上高で割った値のことです。

手元流動性比率＝（現金・預金＋短期所有の有価証券）
　　　　　　　÷１ヵ月の平均売上高

　中小企業であれば上記の手元流動性比率は、1.5カ月程度はあったほうが資金繰りは楽になります。もちろん手持ち資金で支払うほうが、支払利息も不要で効率的なのですが、資金繰りが苦しくなるようでは本末転倒です。

② ローンを組んで購入した場合
　ローンを組んで購入すると、固定資産と借入金が増加するため全体の総資産額が増えることになります。この結果、総資産額に占める自己資本の割合が減少します。またローンの返済期間にわたって、支払期日ごとに元金と利息を支払っていかなければなりません。仮に支払いが期日に間に合わなくなると、金融機関との取引条件も急激に悪化します。
　つまり、返済期間および利率の設定いかんで資金繰りに大きな影響が及ぶというわけです。どの程度の期間・利率であれば、資金繰りに影響を及ぼさずに済むのかなどを踏まえて購入方法を提案できれば、営業マンとして大きな武器になることでしょう。

損益計算書に及ぼす影響

　損益計算書に及ぼす影響として、まず挙げられるのは減価償却費です。減価償却費を費用として計上するために、その分だけ費用の額が大きくなります。
　その他にも、各種税金があります。自動車購入時には自動車取得税、自動車重量税、消費税がかかります。そして、保有してい

る間は毎年、自動車税を支払う必要があります。また、自動車重量税は車検を受けるたびに支払います。

取得価額の100％を営業車として貸借対照表に資産計上している場合、自動車にかかる各種税金は、消費税を除き、租税公課として費用計上することになります。また、ガソリン代や駐車場代、高速道路代、自動車保険（自賠責・任意保険）の保険料なども販売費及び一般管理費において費用計上されます。

したがって、車1台を購入すると、減価償却費以外に年間でどの程度の諸経費がかかるかをあらかじめ見積って顧客に提案できれば、大いに喜ばれることでしょう。「購入したはいいけれど、結局費用を賄いきれなくなって泣く泣く手放す……」というようなことは誰も経験したくないはずです。

資金繰りにおいて参考となる情報とは

自動車にかかる経費のうち、税金は支払時期があらかじめ決まっています。特に税金は、滞納すると高い延滞税が発生します。また、車検費用もその自動車の新車登録時により次回以降の実施時期が決まります。どちらも数万円から数十万円と、決して安くない金額ですから、顧客の資金繰り上これらの諸経費の支払時期なども、とても大切な情報となります。したがって、こうした情報を前もって提案できれば、他の営業マンとの差別化が図れるのではないでしょうか。

3
現金購入、ローン、マイカーリースの買主側における違い

　自動車を調達する手段には、「現金購入」「ローン」「マイカーリース」の3つの方法があります。ただし「ローン」は残価設定をするタイプのものと設定しないタイプの2つに分かれるので、全部で4つの方法があります。それぞれにメリットとデメリットがあり、営業マンとしてどういう方法を顧客に勧めるか、悩ましいところでしょう。

　これを会計の知識とリンクさせるとどうなるのか、ここで整理してみましょう。比較すべきポイントは「所有期間における支払総額」「所有権」「処分可能性」「資金繰り」「自動車の管理の手間」の5項目です。

現金による購入

　現金による購入は、自動車を購入してから売却するまでの期間における支払総額が一番安くなります。このため顧客が十分な現金・預金を保有しており、資金繰りに余裕がある場合は、この方法がベストな選択となります。

　購入した時点から買主側に所有権があり、車をどれだけ走らせても、いつ処分あるいは買い換えても自由です。また、それほど時間が経たないうちに車を売却すれば、ある程度の売却代金も手にすることができます。

　ただし、各種税金や保険料、車検料などは発生する都度支払う

必要があるので、資金繰りに影響を及ぼさないよう注意する必要があります。車の管理も、原則として買主側が自分で行うこととなります。

自動車ローンによる購入

自動車ローンによる購入は、自動車を購入してから売却するまでの期間における支払総額が、現金購入に比べて、支払利息および金融機関（あるいはディーラー）へ支払う各種手数料の分だけ高くなります。

しかし自動車ローンは、購入時点で全額を支払わなくてよいため、資金繰りに及ぼす影響は小さくなります。また頭金をいくらに設定するかで、月々の返済額を調整できる点も融通が利きます。ただし現金購入と同様、各種税金や保険料、車検料などの支払いは発生する都度、必要額を支払う必要があります。また、車の管理も原則として買主側が行うこととなります。

自動車ローンの場合、支払いが終われば自動車の所有権は買主側に移りますので、その後は車を自由に処分あるいは買い換えることができるようになります。

残価設定ローンによる購入

自動車ローンの形態のひとつに「残価設定ローン」というのがあります。これはあらかじめ、3〜5年後の自動車の残価（下取り価格）を設定し、車の購入代金からこの残価を差し引いた金額についてローンを組むというものです。

残価設定ローンによる購入の場合、設定される残価が通常のローンの頭金のような役割を果たしているため、通常のローンと

比較すると、月々の支払額を抑えることが可能になります。

ローンの返済期間が到来したときに、①新車に買い換える、②自動車をディーラーに返却する、③自動車を買い取る、の３つの選択肢があります。その場合、①と②は、残価の額を支払う必要はありません。しかし、③は、残価の額を一括払いするか、再度ローンを組むことになります。

ただし、ローンの返済期間中に車が事故に遭遇するなどして大きな修理をしたときや、走行距離が契約条件を大きく上回ってしまったときなどは、設定された残価と現状の残価との差額を支払う必要があるといったデメリットもあります。

なお、③を選択する（残価設定ローンを組んだ後に車を買い取る）と、最初から現金購入した場合に比べて、ローンにかかる支払い利息の分だけ支払総額は大きくなります。

自動車リースの利用

自動車リースを利用した場合、自動車リース契約が満了しても車の所有権は買主側に移転しません。そこが、現金購入や自動車ローンによる購入との大きな違いです。

したがって車を処分することはできませんし、自動車ローンのように支払期間が終わるということもありません。自動車リース契約を続けている限り、リース料は支払い続けることとなります。

一方で、自動車リース契約は、車種やグレード、オプションなどを自由に設定できるため、現金あるいは自動車ローンによる購入と同じように、自分の好みの車に乗ることができます。

残価設定ローンと同じように、リース契約時に「予定残存価格」が見積られ、その金額を自動車の本体価格から控除してリース料

が計算されます。したがって、月々の支払額を低く抑えることも可能です。

　自動車リースの最大の特徴は、各種税金や保険料、車検料まで毎月のリース料に含まれるため、月々の出金額が平準化され資金繰りが安定することです。また、税金や保険料の支払い、車検まで面倒な管理手続きはすべてリース会社が代行してくれます。

　その反面、支払総額は4つの方法の中で一番大きくなります。また、自動車リース契約を途中で解約すると、高額の中途解約違約金を支払う必要が出てきます。

　さらに「走行距離制限」が設定されている自動車リース契約もあります。この契約では、契約満了時に実際の走行距離が設定距離を上回っている場合に差額分を請求されることもあるため、注意が必要です。

　自動車リースの本質は、あくまで「他人から車を借りて乗っている」ということですから、維持管理の手間は省ける一方で、車を使用するうえでさまざまな制限が生じるのです。

　図表22に示すように、どのプランにもメリットとデメリットがあります。会計の知識を身につけると、顧客の資金繰りや損益の状況を推測できるようになり、顧客にとってより適切なプランを提案することが可能になるのです。

図表22　現金、自動車ローン、残価設定ローンおよび自動車リース契約の比較

項目	現金購入	自動車ローンによる	残価設定ローンによる購入	自動車リース契約
支払総額	◎	○	△	×
車の所有権	購入時からあり	全額支払時に移転	契約終了後、買い取ったときに移転	契約終了後、買い取ったときに移転
処分可能性	◎	○	×	×
資金繰り	×	○	◎	◎
管理の手間	×	×	×	◎

4
自動車を個人事業あるいは法人の「資産」に計上する場合の前提条件

　これまで、自動車を個人事業あるいは会社の「資産」に計上する場合を前提にさまざまな留意点を説明してきました。しかしその前に、果たしてその自動車を個人事業あるいは会社の「資産」として計上できる状況にあるのかを考える必要があります。

　なぜなら、税務署では節税目的で自動車を購入していないか、目を光らせているからです。節税目的で自動車を購入したと認定されると、自動車の減価償却費を経費として計上することが否認され、所得税や法人税を追徴課税されたり、自動車の取得代金が個人事業主の事業所得や法人経営者への賞与として認定されたりするなどのリスクが生じます。

　これを防ぐには、自動車を購入する前に個人事業あるいは会社において、その自動車をどういう目的で使うのかを明確にする必要があります。たとえば、営業担当者の外回りに使うのか、会社役員の送迎に使うのか、あるいは商品の配達などに使うのかといったことです。

　税務調査において調査官から「節税目的で自動車を購入したのではないか」と質問されたときに「〇〇という目的で事業に使っています」と即答できるように、自動車の使用目的を整理しておきましょう。また、その目的に沿った使用実績も積み重ねておくとよいでしょう。

　法人では多くの場合、社有車の管理ファイルを作成しています。

何月何日に誰がどのぐらいガソリンを入れたのか、いつ誰が、どんな目的でどこからどこまで社有車を使ったのかといった情報を書き込む運転日誌や車両台帳が綴じ込まれており、それを見ると確かに事業でその自動車が使われていることがわかるようになっています。

　実際に税務調査でよく問題になるのが、法人がスポーツカーやクルーザーなど、事業目的での使用を客観的に認めにくい車両を所有している場合です。法人名義で車両を購入しさえすればいつでも、それらの減価償却費を経費として計上することができるわけではないことに注意してください。

　自動車の営業マンとしては、個人事業主や法人経営者がその自動車を購入した後も、会社の経費として自動車の減価償却費が認められるような仕組みづくりまで助言できる準備をしておきたいものです。このような「かゆいところに手が届く」サービスを提供できることが、他の営業マンとの大きな差別化につながるのではないでしょうか。

5

自動車営業で"節税"を訴求ポイントにする

8.1節「減価償却のおさらい」では、個人事業主や法人経営者にとって減価償却費が税務上の損金になることを利用した節税の方法を取り上げました。ここでは、自動車営業における減価償却費以外の節税の訴求ポイントを見ていくことにしましょう。

売却益への課税

自動車を売却したときに売却益が出たとします。この売却益に対する課税関係はどのようになっているのでしょう。「個人」「個人事業主」「法人」の3つに分けて見ていきましょう。

① 個人の場合

もし、この自動車が事業用ではなく日常生活に使われている自家用車でしたら、なんら課税関係は生じません。自家用車の譲渡は日常生活と密接な関係があり、課税することは適当ではないと考えられているためです。

② 個人事業主の場合

個人事業主が、事業で使っている自動車を売却して売却益が出た場合は課税されることになります。個人事業主の場合、事業用の自動車は動産に該当するため、その売却益は譲渡所得となり、事業所得と合算のうえ総合課税で課税されます。

このとき、所有期間に応じて「短期」か「長期」かに振り分けられます。長期保有における譲渡所得は、短期保有における譲渡所得の2分の1となり、その分だけ所得税の額は低くなります。短期か長期かの違いは、その資産を取得したときから「売ったときまで」の所有期間が5年を超えている場合が「長期」、5年以内であれば「短期」となります。逆に、売却損となる場合は特に課税関係は生じません。詳しくは6.3節「個人課税における譲渡所得」を参照してください。

上記のことから、営業マンが個人事業主に対して事業用の自動車の購入を提案する場合には、この「5年」という節目がひとつのポイントとなりそうです。5年を超えると譲渡所得は半額になるので、節税につながります。もっとも5年間使用してさらに売却益が出るとなると、高級車や外車などに限定される可能性が高くなりそうです。

③ 法人の場合

法人経営者が法人所有の自動車を売却して売却益が出た場合は、その法人の法人税の課税所得に含められて課税されることになります。これは、

　　法人税の課税所得＝益金－損金

という関係にあるからです。このように、車の売却益は益金に含まれるため、売却益の額が大きければ、課税所得も増えることになります。

▎購入時期が課税に与える影響

節税目的で自動車を所有する場合、多額の減価償却費を計上する

ため、車両価額の高い自動車を顧客に勧めることが多いと思います。このとき、法人の事業年度においていつの時点に自動車を買い換えるかが、課税所得の額に大きな影響を及ぼす場合があります。

① 期首に買い換えた場合

　期首に自動車を買い換えると、その自動車の減価償却費は年間を通して計上できます。減価償却費は経費であり、法人税法に定める方法に則って適切に減価償却の計算をしている場合、減価償却費は法人税の課税所得の算定において損金に含まれます。

　このため、同じ売却益が発生する状況でも期首に買い換えることによって、「売却益」から「買い替えた自動車の年間の減価償却費」を控除した額が課税所得となるため、課税所得を低く抑えることができるのです。

② 期末に買い換えた場合

　逆に期末で自動車を買い換えた場合、売却益は計上される一方で買い換えた自動車の減価償却費はほとんど計上されません。そのため、ほぼ売却益に近い金額だけ課税所得が増加し、法人税額の増加につながります。

　このように、買い換え時期が期首になるか、それとも期末になるかによって、課税関係にも大きく影響してきます。したがって、顧客が法人経営者であり、販売する車を法人で所有する場合は、法人の決算期に留意し「この時期に買い換えられたら、法人税の節税につながりますよ」と勧めると、顧客に喜ばれるでしょう。

6
相手の用途に応じて提案する

　顧客が個人事業主や法人経営者である場合、自動車を購入する動機はさまざまです。たとえば、経営者自身が移動に使う場合もありますし、営業部署が得意先回りの一環として用いる場合もあります。さらには運送業など配達のために使う場合や、介護事業や幼稚園・保育事業のように、利用者の送迎のために使う場合もあります。

　自動車の営業マンとして経験やノウハウを持つ読者なら、顧客の要望に応じた自動車の種類やタイプの提案は得意なのではないでしょうか。ただそこに、「自動車管理」という視点を持ち込むと、他の営業マンに対し差別化することができます。

　たとえば、会社が自動車を自社所有・自社管理すべきかどうかという論点があります。自社所有・自社管理する場合、外部に支払う管理コストは最小となります。しかし、自動車にまつわる各種税金や保険などの支払い、車検などの管理を自社の社員で行う必要があるため、それを担える人材が社内にいるかどうかがポイントとなります。

　仮に、会社の規模が大きくなり、管理担当者のマンパワーに比べて使用する自動車の台数が多くなると、自動車管理の手間の負担が過大になります。この場合、多少のコストがかかっても自動車リースの利用を勧めるべきです。なぜなら、リース会社が各種税金や保険料、車検料の支払いをも含めた形でのリース料を設定し、毎月徴収するからです。月々の出金額の平準化による資金繰

りの安定と、リース会社による自動車にかかる各種手続きの代行は、会社にとって大きな魅力となるはずです。

また、役員専用の自動車を会社で所有する場合など高級車で1件当たりの金額が300万円を超える場合、自動車リースによる契約を選択しても、リース取引の会計基準により貸借対照表上、車両としての資産計上が求められます。このように、資産計上するのが面倒だから自動車リース契約を結ぼうと考えても、会計基準によって自動車の資産計上が義務付けられる場合もあるのです。この場合、同じ資産計上を求められるのなら、自動車リースではなく、支払総額が小さくなる自動車購入を選択しようという法人がいても不思議ではありません。

会計上・税務上、自動車がどのような取り扱いをされるのかを営業マンとして熟知していれば、顧客の要望と会計上・税務上の取り扱いの最適な組み合わせを提案できるようになります。こういった視点で自動車にまつわる会計上・税務上の取り扱いを習得してはいかがでしょうか。

索引

●あ行

青色申告	157
粗利	29, 45
粗利益率	180
粗利率	180, 190, 191, 194
安全性分析	185
一年基準	75, 86
一般管理費	47
一般原則	16
売上	41, 45
売上原価	29, 42, 45
売上債権回転率	183
売上総利益	29, 45
売上高営業利益率	180
売上高経常利益率	181
売上高人件費比率分析	199
売上高総利益率	180
売上高総利益率分析	196, 198
売掛金	74
営業外収益	30, 51, 52, 53
営業外費用	30, 51, 52, 53
営業活動	100
営業活動によるキャッシュフロー	104, 110, 113, 116, 118, 208
営業キャッシュフロー	101
営業権	84
営業損益	29, 30, 192
営業利益	51, 52, 182
益金	9
益金算入	151
益金不算入	151
役務完了基準	42

●か行

会計	3
貸方	11, 12
貸倒引当金	90
活動区分	100
株主資本	92
借入金	88
借方	11, 12
簡易課税制度	171
間接法	104, 105, 107
管理会計	128, 132
企業会計	149
企業会計原則	15, 16, 70
擬制資産	83
期中現金主義	37
キャッシュフロー計算書	23, 100, 102, 119
キャッシュフロー計算書の仕組み	106
キャッシュフロー計算書のひな型	106
給与所得	156
業績評価	136
繰越利益剰余金	92, 93
繰延資産	73, 82
黒字倒産	98, 112, 118
経営分析	177
経常損益	30, 31
経常利益	52, 182
当期純利益	182
継続性の原則	17, 42
経費	9, 208
決算書	21
限界利益	139
原価管理	198
減価償却	77, 78, 207
減価償却資産	77, 78
減価償却費	48, 110, 113, 207, 213
現金	101
現金及び現金同等物	101, 106
現金主義	34, 107, 109, 121
現金同等物	102
現金による購入	215
検収基準	41
工事完成基準	42
効率性分析	182
固定資産	73, 75, 77
固定長期適合率	187
固定費	139, 141
固定比率	186
固定負債	87

●さ行

在庫	44
在庫の評価	44
最終利益	31
再調達原価	71
財務会計	128, 132, 146
財務活動	51, 101
財務活動によるキャッシュフロー	110, 114, 117
財務活動のキャッシュフロー	101
財務キャッシュフロー	101
財務指標	178

索引

残価設定ローンによる購入	216
仕入原価	42
時価	70
時価主義	70
事業所得	155
事業利益	179
資金	101
資金繰り	102, 116, 214
資金繰り表	120, 122
資金ショート	105, 122, 123, 124
自己資本	180
自己資本比率	187
自己資本利益率	180
資産	22, 37, 73
資産の部	67, 73, 76, 82
市場価格	70
実現主義	35, 37, 40, 107, 109, 121
自動車管理	225
自動車の使用目的	220
自動車リースの利用	217
自動車ローンによる購入	216
資本金	92
資本調達構造	185
資本取引・損益取引区分の原則	17
収益	5, 9, 21, 34, 35
収益性分析	178
収入	9
重要性の原則	17, 18
出荷基準	41
取得原価主義	70, 72
純資産	22, 92
純資産の部	67, 92, 94
純損益	31
償却方法	78, 207
償却前利益	81
譲渡所得	161, 162, 222
消費税	169
正味売却価額	71
所得	9
所得区分	154
白色申告	157
仕訳	13
申告調整	151
真実性の原則	16
ステークホルダー	181
正規の簿記の原則	16
正常営業循環基準	75, 86
製造原価	42, 43
製造原価報告書	43
税引後当期純利益	31
税引前当期純利益	31
税務会計	149
設備投資の意思決定	136, 143, 144, 145, 146
総額表示	106, 111
総合課税	158
総資産回転率	182
総資本回転率	182
総資本経常利益率	178
総資本事業利益率	179
相続時精算課税制度	166
相続税	165
相続税対策	168
贈与税	165
租税特別措置法	152
損益計算書	21, 29, 119
損益計算書原則	16
損益分岐点	138
損益分岐点売上高	139, 141
損益分岐点分析	135, 138
損金	9
損金算入	151
損金不算入	151
損失	9

● た行

貸借対照表	22, 66, 67, 119
貸借対照表原則	16
退職給付引当金	90, 91
退職金	89
退職所得	156
耐用年数	78, 207
棚卸資産	74, 184
棚卸資産回転期間	185
棚卸資産回転率	184
棚卸資産回転率分析	196
単一性の原則	17
短期安全性	185
短期計画で用いられるツール	135
短期譲渡所得	163
担税力	154
注記表	24, 44
中小会計要領	19, 20
中長期計画で用いられるツール	136

超過累進税率	158
長期安全性	185
長期譲渡所得	162
帳簿価額	70
直接法	104, 105
定額法	79, 210
定性評価	202
定率法	79, 210, 211
定量評価	202
適正な期間損益計算	89
手元流動性比率	212, 213
当期純利益	59
当期総製造費用	43
当座比率	186
当座比率分析	197
投資活動	51, 101
投資活動によるキャッシュフロー	110, 114, 116
投資キャッシュフロー	101
投資その他の資産	75
特別損失	31, 55, 58
特別利益	31, 55, 58

● な行

年収	9
年商	9
納品基準	41
のれん	84

● は行

発生主義	34, 35, 37, 40, 107, 109, 121
販売費	47
販売費及び一般管理費	29, 47, 50, 192, 193, 194
非課税取引	171
引当金	89
日繰り表	124
非減価償却資産	78
備忘価格	79, 80
費用	6, 21, 34, 59, 208
費用収益対応の原則	36, 37, 40, 45, 78, 89
不課税取引	170
複式簿記	93
含み益	71
含み損	71
負債	22, 37, 86
負債の部	67, 86

負債比率	188
負債比率分析	198
不動産所得	156
不動産投資	168
粉飾決算	25
分析指標	178
分配可能利益	32, 62, 181
分離課税	158, 163
変動費	139, 141
変動比率	140
包括主義	61
法人税	31, 59, 149
法人税法	91
法定相続人	165
法定耐用年数	79
簿記	10, 14
保険料	48
保守主義の原則	17

● ま行

前払費用	83
無形固定資産	75
明瞭性の原則	17
免税事業者	170

● や行

有形固定資産	75
有形固定資産回転率	184
有形固定資産回転率分析	200

● ら行

利益	3, 7, 9
利益処分	59
流動資産	73
流動性配列法	76, 87
流動比率	185
流動負債	86

● 数字・アルファベット

3つの活動区分	98, 112
CVP分析	135, 138

【監修者／著者】

監修　高橋　隆明（たかはし・たかあき）

1955年3月生、東京都出身。早稲田大学法学部卒業後、日産自動車株式会社入社。日産火災（現損保ジャパン）に転じ、社命によりドイツ留学。国際部勤務後、再度の社命により欧州各国に留学。帰国後、融資部に異動。業務課長・審査課長として不良債権の回収、融資実行審査の責任者の職を歴任。2000年に独立し事業再生専門のコンサルタントとして正統派の事業再生を実施している。株式会社千代田キャピタルマネージメント代表取締役。不動産鑑定士・税理士。博士（経済学）・博士（経営学）・修士（不動産学）。専門は事業再生。研究領域はミクロ理論経済学、行動経済学、地域企業会計、地域企業経営、ビジネスプランニング。

[主著]
『事業再生読本』(2019年)
『貸倒引当金の多寡が債権放棄に及ぼす影響ならびに事業譲渡を伴う事業再生における課税の公平』(2017年)
『不良債権をめぐる債権者と債務者の対立と協調』(2015年)
『不動産は中古一戸建てに限ります』(2010年)
『経営再建計画書の作り方』(2001年)他、著書多数

[事業所]
株式会社千代田キャピタルマネージメント
〒113-0022
文京区千駄木2-30-1-305
TEL：03-5815-5941
FAX：03-5815-5942
http://www.chiyoda-cmt.com

著者　高橋 基貴（たかはし・もとき）
（第1章、第2章、第7章執筆）

1976年8月生、埼玉県さいたま市出身。慶應義塾大学経済学部を卒業後、ミサワホーム入社。営業職として活躍後、退職し、2004年に公認会計士の資格を取得。あずさ監査法人にて、株式上場支援の業務及び企業会計監査を行い、いくつかの株式上場に立ち会った後、2009年に退職。2008年に取得した税理士の資格も生かし、退職と同時に高橋公認会計士事務所を開業。公認会計士としてのノウハウを生かした創業支援、融資支援を得意とし、また経営者・企業の税務調査対応を意識した節税相談も、積極的に取り組んでいる。「会社の最も身近な相談役」として、顧客の要望に幅広く応えることをモットーにしている。
http://motoki-kaikei.com/

著者　小川 克則（おがわ・かつのり）
（第3章、第6章執筆）

埼玉県さいたま市出身。中央大学経済学部卒業後、東京都渋谷区にあるG.S.ブレインズ税理士法人へ入社。中小企業への成長支援を理念とする税理士法人にて、様々な角度からの中小企業支援に従事し、2013年に独立し小川克則税理士事務所を開業。ファッション、芸能を得意分野として、日々、クライアントのビジネスモデルの構築や組織化に数値の裏付けをもって取り組んでいる。不動産投資も得意分野として、大手ハウスメーカーと手を組み、戸建賃貸住宅を商品開発から手掛けるなど幅広く活動している。

著者　服部 夕紀（はっとり・ゆき）
（第4章、第5章、第8章執筆）

千葉県出身。一橋大学商学部卒業後、旧太田昭和監査法人（現：新日本有限責任監査法人）に入所。1997年会計士登録。一般事業会社の勤務を経て2003年に独立。2014年税理士登録。

これだけ知っていれば大丈夫
自動車営業のための会計・税務　基礎知識
2018年4月10日　第1刷発行

- ●監修者　高橋 隆明
- ●著　者　高橋 基貴、小川 克則、服部 夕紀
- ●発行者　上坂 伸一
- ●発行所　株式会社ファーストプレス
  〒105-0003　東京都港区西新橋1-2-9 14F
  電話 03-5302-2501（代表）
  http://www.firstpress.co.jp

DTP・装丁　株式会社オーウィン
印刷・製本　シナノ印刷株式会社
©2018 T.Takahashi, M. Takahashi, K. Ogawa & Y. Hattori
ISBN 978-4-86648-006-0
落丁、乱丁本はお取替えいたします。
本書の無断転載・複写・複製を禁じます。
Printed in Japan